职业教育园林园艺类专业系列教材

园林 CAD

主　编　赵春春

副主编　杨志娟　谭辉霞

参　编　李温喜　谭文非　张立艳

U0257978

机械工业出版社

本书选用 AutoCAD 2019 作为载体，采用项目式方法编写，共有绘图环境的设置、石凳的制作、景门和景窗的绘制、弧形花架的绘制、园路的绘制、植物的绘制及添加、图纸的布局及打印输出、某小区中庭园林景观总平面图的绘制八个项目。每一个项目都是一个完整的案例，按照项目概述、学习目标、项目准备、项目实施、项目小结等环节展开，项目后设习题。本书通过八个项目对 CAD 常用的绘图命令和编辑命令逐一进行了介绍，且每个项目重点介绍的命令不重复。通过这八个具体的项目，读者既能学习软件操作并达到技能要求，又能熟悉园林施工图作图的流程和技巧。

本书可作为中职、高职或中高职衔接模式下园林、景观、环艺等专业的教学用书，也可供相关工程人员自学参考。

本书配有电子课件和微课视频，选择本书作为授课教材的教师可登录 www.cmpedu.com 注册、下载，也可联系编辑（010-88379375）索取。此外，还可加入机工社园林园艺专家 QQ 群（425764048）交流、讨论、索取资源。

图书在版编目（CIP）数据

园林 CAD/赵春春主编. —北京：机械工业出版社，2017.8
（2025.2 重印）
职业教育园林园艺类专业系列教材
ISBN 978-7-111-57618-1

Ⅰ.①园… Ⅱ.①赵… Ⅲ.①园林设计 – 计算机辅助设计 –
AutoCAD 软件 – 高等职业教育 – 教材 Ⅳ.①TU986.2-39

中国版本图书馆 CIP 数据核字（2017）第 189985 号

机械工业出版社（北京市百万庄大街 22 号 邮政编码 100037）
策划编辑：王莹莹 责任编辑：王莹莹 于伟蓉
责任校对：刘志文 责任印制：任维东
北京中科印刷有限公司印刷
2025 年 2 月第 1 版第 10 次印刷
210mm×285mm·10.25 印张·279 千字
标准书号：ISBN 978-7-111-57618-1
定价：37.00 元

电话服务 网络服务
客服电话：010- 88361066 机 工 官 网：www.cmpbook.com
　　　　　010- 88379833 机 工 官 博：weibo.com/cmp1952
　　　　　010- 68326294 金 书 网：www.golden-book.com
封底无防伪标均为盗版 机工教育服务网：www.cmpedu.com

前　言

　　园林、环艺、景观类专业从业人员都必须掌握 CAD 操作技能，CAD 作为一种专业语言，其重要性不言而喻。本书按照"以能力为本位，以职业实践为主线，以项目课程为主体的模块化专业课程体系"的总体设计要求，以工作任务模块为中心构建工程项目课程体系，彻底打破了学科课程的设计思路，紧紧围绕完成项目课程体系的需要来选择和组织课程内容，突出工作任务与知识的联系，让学生在职业实践活动的基础上掌握知识，增强课程内容与职业岗位能力要求的相关性，提高学生的就业能力。

　　本书以园林规划与设计行业的需求引领项目工作任务，以项目工作任务选择技能训练模块，以专业技能模块确定课程知识内容，将园林景观计算机制图所需的基本知识、基本规则、基本技能，以及相关规范与条文循序渐进地融于各项目之中及项目之间，并通过工作任务的分析与完成，全面而合理地覆盖园林景观设计领域所涉及的理论知识与实践技能。本书在较强的实践性和专业上的规范性编写前提之上，推出了项目式章节。全书设计的项目难度适中，由浅入深，学生容易跟学，上手简单。通过全套项目的训练和强化练习，不仅能培养学生掌握计算机辅助设计的技能，满足绘图员的岗位要求，还能为学生学习园林工程专业其他岗位的核心职业能力做好必要的准备。

　　本书的定位：以应用为目的，以必需、够用为度，以讲解清楚、强化应用为重点，加强针对性和实用性；通过软件操作来训练学生制图、识图、解图的能力和空间思维能力，增强园林设计思想，加强园林工程技术的表现能力和绘图能力；先获取技能，再体验知识，通过技能的学习过程，来获取必需的知识。

　　四川锦都规划设计有限公司为本书的项目内容设计提供了企业经典案例，并从专业技术角度为本书提出了教材建设的建议，在此表示深深的感谢。

　　尽管在编写过程中各位编者做出了积极的努力，但书中疏漏之处在所难免，恳请读者提出宝贵意见。

编　者

二维码视频列表

项目	任务	二维码	项目	任务	二维码
项目1	任务2	新建图层	项目1	任务2	设置当前图层
项目1	任务2	删除图层	项目2	任务1	用直线命令绘制坐板正立面
项目1	任务2	图层颜色	项目2	任务1	绘制坐凳腿正立面辅助线
项目1	任务2	图层线型	项目2	任务1	绘制左侧坐凳腿正立面图
项目1	任务2	图层线宽	项目2	任务1	绘制右侧坐凳腿正立面图

（续）

项目	任务	二维码	项目	任务	二维码
项目2	任务1	删除坐凳腿正立面辅助线	项目2	任务3	绘制右侧石榫1平面图
项目2	任务1	保存文件及设置	项目2	任务3	绘制右侧石榫2、3平面图
项目2	任务2	绘制坐板侧立面	项目2	任务3	绘制左侧坐凳腿和石榫
项目2	任务2	绘制坐凳腿侧立面	项目3	任务1	绘制景门圆a
项目2	任务3	绘制坐板平面图	项目3	任务1	绘制景门圆b
项目2	任务3	绘制右侧坐凳腿平面图	项目3	任务1	绘制景门圆c、d
项目2	任务3	放置右侧坐凳腿的平面位置	项目3	任务1	绘制景门分割线

园林 CAD

项目	任务	二维码	项目	任务	二维码
项目 3	任务 1	绘制景门断面图	项目 3	任务 2	绘制景窗分割线
项目 3	任务 2	绘制景窗最内层正六边形	项目 3	任务 2	绘制梅花景窗最内层
项目 3	任务 2	绘制景窗外侧两个正六边形	项目 3	任务 2	绘制梅花景窗第二层

目　录

项目1　绘图环境的设置

 项目概述

　　在学习 CAD 绘图之前需要先熟悉 CAD 软件的操作界面及绘图辅助功能；在绘图之前还需要设置好绘图环境，例如图层及图层特性等。本项目用简洁的语言对 AutoCAD 2019 进行介绍，然后直接切入绘图的第一阶段——图层的设置。

 知识目标

1. 熟悉 AutoCAD 2019 的工作界面。
2. 掌握 CAD 中图层及图层的设置方法。
3. 掌握 CAD 绘图的辅助功能。

 素养目标

1. 系统思维培养
通过图层分类的管理训练，理解"分而治之"的科学工作方法。
2. 工匠精神渗透
通过对象捕捉和极轴追踪训练中设置毫米级精度的工作任务，培养精益求精的工匠精神。
3. 创新意识启发
设计传统绘图工具和 CAD 辅助功能的对比实验，体验技术革新价值。

项目准备

1. 知识准备：了解 CAD 软件功能；图层的概念及重要性。
2. 绘图条件准备：安装有 AutoCAD 2019 软件的计算机。

项目实施

任务1　熟悉 AutoCAD 2019

一、AutoCAD 简介

　　AutoCAD（AutodeskComputerAidedDesign 自动计算机辅助设计软件）诞生于 1982 年，是由 Autodesk

（欧特克）公司首次开发的，主要用于二维绘图、详细绘图、设计文档和基本三维设计，可以用于土木工程、装饰装潢、工程制图、电子工业、服装加工等多领域，是当今全球广为流行的绘图工具。

AutoCAD 具有良好的用户界面，通过交互菜单或命令行的方式便可以进行各种操作，让非计算机专业人员也能很快地学会使用。软件制图解放了手工制图繁重的工作量，更重要的是提高了制图速度，加之具有很大的修改弹性和很便利的操作性能，所以逐渐替代了手工制图。

AutoCAD 从开发到现在经历了很多版本，每次更新都是随着社会的需求而不断进行功能的优化和新功能的增加，如今已经有了 2019 版。本书以 AutoCAD 2019 为载体，讲解 CAD 软件在园林景观设计制图中的具体操作方法和技巧。

二、AutoCAD 工作界面

AutoCAD 2019 的快捷方式图标，双击该图标，进入 CAD 的启动界面，如图 1-1 所示。在桌面找到打开 CAD 后，工作界面如图 1-2 所示。

图 1-1　AutoCAD 2019 快捷方式图标及启动界面

图 1-2　AutoCAD 2019 工作界面

AutoCAD 的工作界面主要由菜单栏、工具栏、绘图区域、命令行和状态栏这五大常用的部分构成。

菜单栏——不同版本的 CAD 会略有不同。

工具栏——集 CAD 所有绘图及编辑工具。

绘图区域——CAD 图形绘制的主要区域。

命令行——人机语言交流的窗口，命令执行及提示信息显示的区域。

状态栏——辅助绘图功能的集合区域。

说明：

　　初次打开 CAD 时，绘图区域默认是黑色的，主要是为了减轻视觉疲劳，推荐用此色。若不习惯黑色的"模型"空间，可在 CAD 中右击快捷菜单"选项"，然后在"显示"中将"颜色"改为白色或任意颜色。本书为了给读者呈现更清晰的画面，已将背景色改为了白色。

　　软件打开后会自动新建一个名称为"Drawing1.dwg"的文件，在第一次保存文件时，可以修改文件名称，也可按下组合键 < Ctrl + N > 新建文件。

任务 2　图层设置

　　在 CAD 作图中，图层的概念很重要，它不仅可以帮我们把绘图对象有序地分类，还可以为后期操作提供很多方便。图层可以比喻为一张透明的纸，在每一张透明纸上绘制不同的内容，例如在第一张纸的相应位置绘制乔木，在第二张纸的相应位置绘制灌木，在第三张纸的相应位置绘制草坪及地被植物，在第四张纸的相应位置绘制等高线……单就每一图层（每一张透明纸）看，它只能显示该图层上绘制的内容。当图层全部打开时（所有透明纸全部重叠起来时），就可以看见一幅完整的图，既有乔灌木，又有草本植物和等高线等。

　　分图层绘制对象，既可以有简洁干净的视界，使对象管理有序，又便于统一编辑。接下来我们学习图层的创建、删除和设置。

一、图层的创建与删除

　　在"图层"工具栏处单击"图层特性"按钮，如图 1-3 所示。

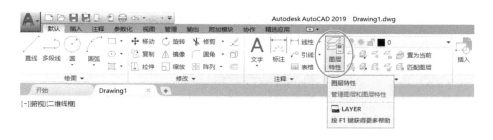

图 1-3　"图层特性"按钮

弹出如图 1-4 所示的"图层特性管理器"对话框，在其中设置图层及各参数。

说明：

　　任何一个 CAD 文件都会自动建立一个默认的 0 图层。

1. 新建图层

　　单击新建图层按钮（图 1-4 中蓝色方框内第一个按钮），自动创建一个图层，并且默认以"图层 1""图层 2"自动命名，也可根据需要更改图层名称。

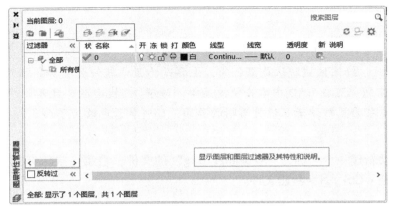

图 1-4　"图层特性管理器"对话框

2. 删除图层

单击选中不需要的图层，再单击图 1-4 中蓝色方框内第三个按钮，该图层删除。

> **说明：**
>
> 　0 图层和绘制有对象的图层不能直接删除，只能删除空白图层。

二、图层的设置

1. 图层颜色

最好以不同的颜色直观地区别不同的图层，为每个图层设置图层颜色。

单击相应图层，再在颜色处单击，弹出"选择颜色"对话框，如图 1-5 所示，根据需要在调色板上选择图层颜色。

> **说明：**
>
> 　建议图层颜色不要过多过杂，优先选择图 1-5 中蓝色框内的颜色。

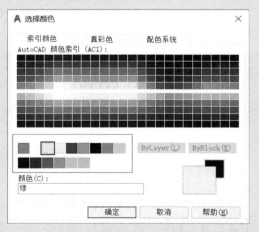

图 1-5　"选择颜色"对话框

2. 图层线型和线宽

不同图层上的对象可统一设置线条类型和线条宽度。

例如，要使在名为"道路"图层上绘制的线条宽度统一为 0.3mm，则单击"道路"图层，并在"线宽"（"——默认"）处单击，弹出"线宽"对话框，单击"0.30mm"—"确定"即可，如图 1-6 所示。

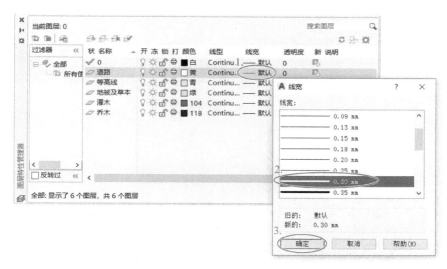

图 1-6　线宽设置

> **说明：**
>
> 　　图层线宽设置好后，需要将 CAD 的线宽显示打开才能看到绘制对象的宽度。线宽显示开关通过单击如图 1-7 所示的按钮实现。
>
>
>
> 图 1-7　线宽显示开关

图层上绘制线条的类型也可以统一设置为实线或是虚线，这通过设置图层线型来完成，方法类似于线宽的设置。

> **说明：**
>
> 　　设置线型时，CAD 第一次启动，每个图层的线型只有实线可供选择，若想设置为虚线、点画线或者其他线型，则需要先将线型加载出来，再进行选择。

加载线型：在某图层的"线型"位置（默认为"Continuous"）单击，弹出"选择线型"对话框，单击"加载（L）"按钮，如图 1-8 所示，弹出如图 1-9 所示的"加载或重载线型"对话框，选择所需的线型，单击"确定"按钮，回到如图 1-8 所示的对话框，再一次选择所需的线型，单击"确定"按钮。

至于图层的其他参数均可采用默认状态，在打印出图之前再根据需要进行设置即可。

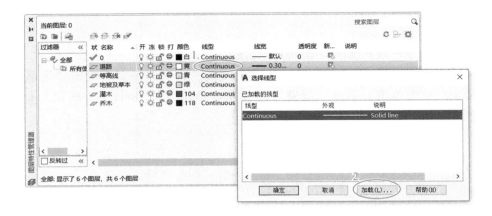

图 1-8　选择图层线型

图 1-9　"加载或重载线型"对话框

说明：
　　图层的创建、删除及图层的设置可根据需要在绘图前或绘图过程中的任意时间进行，建议在绘图之前先建立并设置好必需的图层。

三、设置当前图层

　　图层设置好只是意味着将若干"透明纸"堆叠好了，绘图时需要在不同的透明纸上绘制对象，因此需要在绘图前选择"当前图层"。所谓当前图层，是指绘图或编辑操作正进行的图层载体。

　　例如，要在"道路"图层上绘制代表园路的线条，需要先将"道路"图层置为当前图层，然后使用工具绘制线条。若想绘制乔木，则需要将对应的"乔木"图层设置为当前图层，再在其上进行绘制，这样，绘制出的线条才能在该图层上。软件是不会自动识别哪些线条属于哪个图层的，只有通过绘图时不断设置当前图层才能完成对象的归类。

　　将图层设置为当前图层，只需要选中某个图层，然后单击图 1-10 蓝色方框中的按钮即可，也可以双击某图层。被设置为当前的图层，其"状态"处会有一个"√"符号。

　　若在绘图过程中需要不断调换当前图层，可不用打开图层特性管理器，直接在图层工具栏中选择所需设置的图层即可。

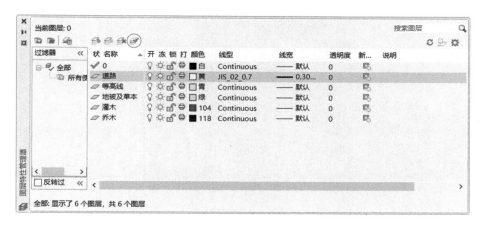

图 1-10　将"道路"图层置为当前图层

项目小结

图层的设置对于 CAD 作图来说非常重要，它既可以保持文件内容的有序性，也可以方便编辑。若将 CAD 图纸的图层整理优化好，还可以与其他作图软件进行更高效的图形转换，节约时间，提高作图效率。

想一想，练一练

1. 请简述图 1-11 蓝色框中关于图层操作的 4 个按钮的各自作用？

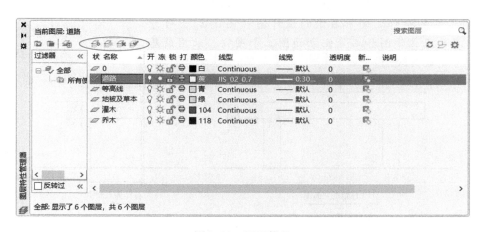

图 1-11　图层操作

2. 图形并未绘制在目标图层上，如何调整？
3. 图层线宽设置了 0.5 的宽度，但绘制的线条显示不出来，分析是什么原因。
4. 想设置某图层的线型为点画线，但在可选线型中却没有，如何解决？

项目2 　石凳的绘制

 项目概述

　　通过石凳设计图的绘制，学习 AutoCAD 部分最基本的绘图命令和编辑命令。在完成的过程中，熟悉 AutoCAD 工作界面，了解命令运用的基本方法和步骤，同时熟悉园林工程图纸绘制的基本程序和步骤。

 项目分析

　　园林景观中供游人休息的坐凳随处可见，样式也是种类繁多。本项目以造型简单的石凳（图 2-1）为例，通过完成其施工图的绘制，学习 CAD 最基本的操作。分析石凳的设计图（图 2-2），可分为石凳平面图、石凳正立面图和石凳侧立面图三个图样，采用最基本的绘图命令即可完成其绘制。

图 2-1　石凳

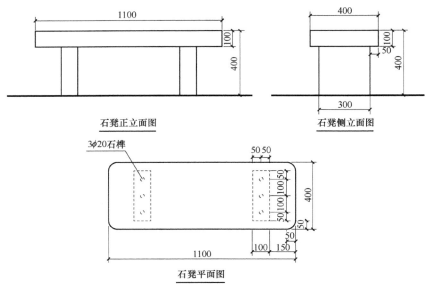

石凳正立面图　　　　　　石凳侧立面图

石凳平面图

图 2-2　石凳设计图

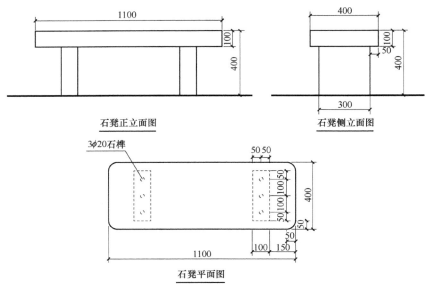 知识目标

　　1. 掌握绘图命令中直线、矩形、圆的绘制方法。

2. 掌握编辑命令中删除、移动、复制、镜像等操作。

3. 掌握线型特性中虚线线条的设置。

素养目标

1. 工匠精神渗透

通过精确绘制景观小品，训练毫米级尺寸输入精度，学习"方寸之间见匠心"的职业精神。

2. 规范意识强化

对照《风景园林制图标准》（CJJ/T 67—2015），规范景观元素线型等级与绘制标准。

3. 协作意识培养

在总图绘制中统一团队线型标准，确保多专业图纸协同。

项目描述

首先完成石凳正立面图的绘制，然后绘制侧立面图和平面图。本项目需要绘制的矩形比较多，还会用到直线命令、圆命令。先学习用 CAD 中直线的绘图命令去完成，然后再学习使用矩形绘图命令完成。

项目准备

1. 知识准备：识读图 2-2 中的设计图；将图形分解为形状单体。

2. 绘图条件准备：安装有 AutoCAD 软件的计算机。

项目实施

首先新建图层 1，设置暂且采用默认值，并将其设置为当前图层。在该图层上按照步骤完成图形的绘制。

 花岗岩石凳正立面图的绘制

图纸分析：

通过对石凳设计图纸（图 2-2）的识读，了解到花岗岩石凳正立面设计图是由坐板和两个坐凳腿一共三个矩形构成。坐板为长 1.1m、宽 0.4m、厚 0.1m 的长方体，在正立面图中绘制的是其正立面，即为 1100×100 的矩形。坐凳腿为长 0.1m、宽 0.3m、高 0.3m 的长方体，在正立面图中绘制的是其正立面尺寸为 100×300 的矩形。

思路分析：

使用直线命令可以绘制矩形。先绘制石凳坐板的矩形，然后绘制坐凳腿的矩形。由于两侧的坐凳腿形状相同，位置相对，因此，可以只完成一侧的坐凳腿，另一侧的则用镜像命令完成。

一、直线命令的启动

绘制直线的快捷命令为 L（LINE），通过在 CAD 的命令行中输入"L"，按＜Enter＞键，即可启动直线的绘制程

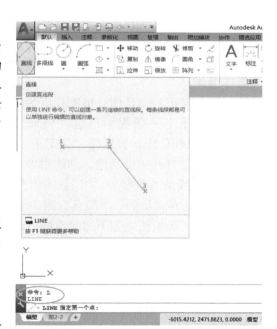

图 2-3　直线命令的启动及命令行所示状态

序。还有一种命令的启动方式，即通过在 CAD 工作界面上方的命令面板中，单击"直线"按钮，如图 2-3 所示。无论采用何种方式给软件输入命令，都可以让软件做好绘制直线的准备。此时工作界面左下角的命令行中出现如图 2-3 所示的状态，接下来只需根据命令行中的提示，完成图形的绘制即可。

操作说明：

　　CAD 中的命令采用快捷命令输入时，大写、小写方式都可以。输入时不需要先将光标移至命令行位置再单击、输入，光标放置于任意位置直接在键盘上敲击相应的快捷命令字母或数字即可实现输入。

二、用直线命令绘制坐板正立面

　　命令行显示的提示信息为"LINE 指定第一个点："，即需要在绘图区域绘制出直线的一个端点。以坐板矩形左下角的角点为直线开始的端点，在绘图区域的某个位置单击即可完成直线第一个端点的指定。此时，移动鼠标可以发现在光标和第一个端点之间连接着一条可任意旋转伸缩的橡皮筋，这条橡皮筋可以提示出即将绘制的直线的方向和长度，如图 2-4 所示，十字光标上方或下方小方框中的值为直线与水平方向夹角的角度，橡皮筋中部矩形框中的值则提示出直线的长度。但这两个值会随着光标的移动而轻易地改变，也不能通过目测这里的长度和角度来精确绘制图形。

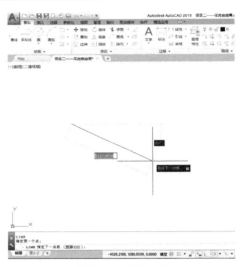

图 2-4　绘制直线

提出问题：

　　如何绘制精确的直线呢？

解决问题：

　　可采用指定方向、输入距离的方法绘制。

　　具体操作：

　　绘制一条向正右方延伸且精确长度为 1.1m 的直线。通过指定完成了直线的第一个端点，此时的命令行已经跳转至下一条提示信息"LINE 指定下一点或［放弃（U）］："，先暂时不考虑"或［放弃（U）］"的意思和作用，只遵循"指定下一点"命令去绘制直线。

　　按＜F8＞键打开正交功能，即能沿着水平或垂直方向绘制直线。可在十字光标附近看到状态的提示为"正交"和线条的角度为"0°"。不需要正交功能时可再次按＜F8＞键关闭。

　　将十字光标移动至第一个端点右侧，使用键盘输入坐板长度值"1100"，如图 2-5 所示，按＜Enter＞键，这就完成了坐板正立面下边缘直线的绘制。

　　此时，命令尚未结束，在已绘制直线的端点处和光标之间仍然还连接着那条橡皮筋，即还可以继续绘制直线。接下来以第二个端点为坐板正立面右侧边缘直线的下方端点，继续绘制右侧边缘线。命令行现已跳转并提示为"LINE 指定下一点或［放弃（U）］："，将光标移动至端点正上方的任意位置，角度提示为"90°"，使用键盘输入坐板正立面的高度值"100"，按＜Enter＞键，即完成了坐板正立面右侧边缘直线的绘制。移动光标至 X 轴负方向，输入长度值"1100"，按＜Enter＞键；移动光标至 Y 轴负方向，输入长度值"100"，按＜Enter＞键，完成坐板正立面上边缘和左边缘直线的绘制。当指定完左边缘直线的最后一个端点的时候（即坐板正立面图中左下角角点），再一次按＜Enter＞键，结束命令，矩形绘制完成，即坐凳正立面图中的上方矩形，如图 2-6 所示。

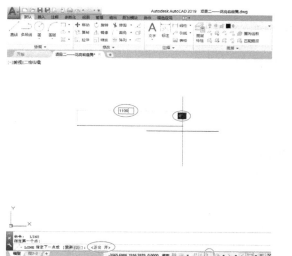

图 2-5　输入直线长度　　　　　　　　　　图 2-6　矩形绘制完成效果

坐板正立面绘制具体步骤及命令行提示信息如下：

命令：L（输入"L"，按＜Enter＞键）

LINE 指定第一个点：（在工作界面上任意位置单击）

LINE 指定下一点或［放弃（U）］：（沿 X 轴正方向输入"1100"，按＜Enter＞键）

LINE 指定下一点或［放弃（U）］：（沿 Y 轴正方向输入"100"，按＜Enter＞键）

LINE 指定下一点或［闭合（C）/放弃（U）］：（沿 X 轴负方向输入"1100"，按＜Enter＞键）

LINE 指定下一点或［闭合（C）/放弃（U）］：（沿 Y 轴负方向输入"100"，按＜Enter＞键）

LINE 指定下一点或［闭合（C）/放弃（U）］：（按＜Enter＞键）

——　相关知识扩展：

　　CAD 命令行提示信息为"指定下一点或［闭合（C）/放弃（U）］："，参数"放弃（U）"和"闭合（C）"的意义和作用如下：

　　在 CAD 命令行中"或"字两侧即为同等地位的参数选项，只能选择其一让软件执行相应操作。中括号"［　］"内为并列的多个选项参数，每个选项参数的意义由文字提示说明。其后紧跟括号"（　）"，括号中的字母则代表选择执行该选项参数时需输入的快捷命令。

　　当直线命令执行到指定完第一个端点后，命令行提示信息就多了一个参数选择"放弃（U）"，放弃是指撤销当前命令中上一步操作，通过键盘输入字母"U"，按＜Enter＞键，即可以完成撤销工作，并且仍然保持命令继续执行状态。只要命令未结束，在每一步操作中都有参数"放弃（U）"可以执行撤销前一步的操作，然后根据提示继续完成命令的执行和图形的绘制。可见在 CAD 操作中，该参数的功能可以理解为在当前直线命令还在执行的情况下，随时纠正绘制错误的步骤。

　　当直线命令执行到指定完第三个端点的时候，命令行就会出现"闭合（C）"的选项，意味着此时可以形成封闭图形了。只要输入字母"C"，按＜Enter＞键就会在最后一个端点和首端点之间自动形成一条直线来封闭图形，并且结束命令。

　　在 CAD 中许多绘图工具中都会出现"放弃（U）"和"闭合（C）"的参数选项，读者可以自行体会其作用。

操作说明：

　　在命令执行的过程中，如果想中断命令或结束命令，可以通过按＜Esc＞键、＜Enter＞键或空格键来实现。

三、绘制坐凳腿正立面

　　通过识读图 2-2 所示的坐凳设计图，了解坐凳腿是尺寸为长 0.1m、宽 0.3m、高 0.3m 的长方体，在正立面图中绘制的是 100×300 的长方形，采用前面绘制坐板相同的方法就可以完成坐凳腿的绘制。不过，如何将坐凳腿落笔在距离坐板边缘 150 的位置上是即将要解决的问题。

提出问题：

　　如何从距离坐板边缘某个精确的距离开始绘制矩形？

解决问题：

　　石凳正立面图左侧的坐凳腿可使用直线命令绘制矩形，但要将该矩形左上角的角点精确落在如图 2-7 所示的 B 点位置处。需要从坐板左下角 A 点开始画一条长 150 的水平直线作为辅助线，然后借助"对象捕捉"辅助功能来精确定位到该直线的端点，再进行坐凳腿图形的绘制。

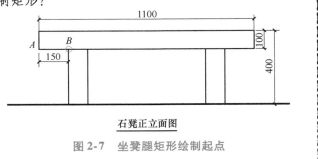

石凳正立面图

图 2-7　坐凳腿矩形绘制起点

　　具体操作如下：

1. 打开辅助绘图功能

　　单击 CAD 界面下方辅助工具栏中的"对象捕捉"按钮，或按＜F3＞键，打开对象捕捉功能，如图 2-8 所示。

　　根据作图的需要，可在"对象捕捉"按钮上右击，或点击该处右侧的黑色下三角形"▼"，打开"对象捕捉"菜单，勾选或取消关键捕捉点类型，如图 2-9 所示。

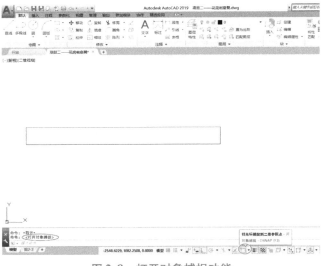

图 2-8　打开对象捕捉功能

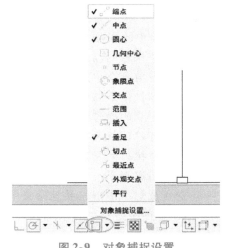

图 2-9　对象捕捉设置

> **知识点扩展：**
>
> 　　对象捕捉功能是绘图的辅助功能，它在某个命令正在执行的状态下，帮助用户捕捉到所绘对象上的一些特殊点，例如端点、中点、垂足、圆心等。这些特殊点必须在对象捕捉功能中先行设置好并且在打开该功能的状态下才能使用。使用对象捕捉功能需先执行命令，然后才能捕捉上对象。打开和关闭对象捕捉功能通过按 <F3> 键实现。

2. 绘制辅助线

　　工具栏中选择"直线"绘图工具，将光标移动至坐板左下角 A 点附近时，会出现一个矩形提示框，在此处停留片刻即会出现该点的类型"端点"二字，表明软件现已捕捉上该点了，然后单击，软件会自动将直线的第一个端点吸附到该点上，然后沿着正右方绘制一条长 150 的直线，按 <Enter> 键结束命令。

　　该辅助线和坐凳下边缘直线重合了，因此从画面效果上看不出其存在，但当光标移动至某对象上时，会以高亮显示的方式提示出该对象。

　　通过该辅助线的右侧端点，借助对象捕捉端点的功能，可以为坐凳腿直线的起点找到精确的落脚点。

> 绘制辅助线的具体操作步骤和命令行提示信息如下：
>
> 命令：L（输入"L"，按 <Enter> 键）
>
> LINE 指定第一个点：（捕捉坐板左下角端点 A）
>
> LINE 指定下一点或［放弃（U）］：（沿 X 轴正方向输入"150"，按 <Enter> 键，按 <Enter> 键）

3. 绘制左侧坐凳腿

　　再次启动直线绘图命令，指定第一个角点时将光标移动至刚才所绘辅助直线的右端点 B 上，出现捕捉到"端点"的提示信息，在此单击完成第一个角点的指定，继续绘制直线。通过识读图纸，了解坐凳腿为 100×300 的矩形，采用与绘制坐板相同的方法完成左侧坐凳腿的绘制，效果如图 2-10 所示。

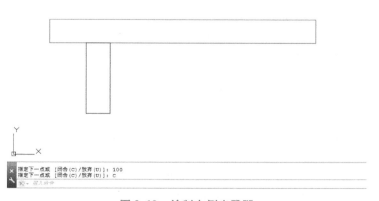

图 2-10　绘制左侧坐凳腿

绘制左侧坐凳腿的具体操作步骤和命令行提示信息如下：

命令：L（输入"L"，按＜Enter＞键）

LINE 指定第一个点：（捕捉辅助线的端点，单击）

LINE 指定下一点或［放弃（U）］：（沿 X 轴正方向输入"100"，按＜Enter＞键）

LINE 指定下一点或［放弃（U）］：（沿 Y 轴负方向输入"300"，按＜Enter＞键）

LINE 指定下一点或［闭合（C）/放弃（U）］：（沿 X 轴负方向输入"100"，按＜Enter＞键）

LINE 指定下一点或［闭合（C）/放弃（U）］：（输入"C"，按＜Enter＞键）

知识点扩展：

当 CAD 上一个命令结束之后，可以按＜Enter＞键或空格键，再次执行与上次命令相同的命令。

4. 删除辅助线

因捕捉需要而绘制的辅助直线已经完成其使命，应将其删除。在 CAD 中，删除对象的快捷命令是 E（ERASER），也可以通过按＜Del＞键或＜Delete＞键执行该操作。

执行删除命令，选择辅助线 *AB*，按＜Enter＞键，对象删除，命令结束。

删除对象的具体操作步骤和命令行提示信息如下：

命令：E（输入"E"，按＜Enter＞键）

ERASE 选择对象：（用鼠标点选或框选需要删除的对象，可以是一个对象，也可以同时选中多个对象，按＜Enter＞键）

知识点扩展：

删除对象可以是先选中对象再执行命令，也可以先执行命令再通过命令行的提示选择要删除的对象，但通过按＜Del＞键或＜Delete＞键执行删除操作必须是先选中对象再执行删除。

5. 绘制右侧的坐凳腿

与绘制左侧坐凳腿一样，先画辅助线，再借助对象捕捉功能捕捉上直线端点作为右侧坐凳腿绘制直线的起点，采用同样的方法可完成其绘制。

该步具体操作步骤和命令行提示信息如下：

① 绘制辅助线：

命令：L（输入"L"，按＜Enter＞键）

LINE 指定第一个点：（捕捉坐板右下角端点）

LINE 指定下一点或［放弃（U）］：（沿 X 轴负方向输入"150"，按＜Enter＞键，按＜Enter＞键）

② 绘制右侧坐凳腿：

命令：L（输入"L"，按＜Enter＞键）

LINE 指定第一个点：（捕捉辅助线的左端点）

LINE 指定下一点或［放弃（U）］：（沿 X 轴负方向输入"100"，按＜Enter＞键）

LINE 指定下一点或［放弃（U）］：（沿 Y 轴负方向输入"300"，按＜Enter＞键）

LINE 指定下一点或［闭合（C）/放弃（U）］：（沿 X 轴正方向输入"100"，按＜Enter＞键）

LINE 指定下一点或［闭合（C）/放弃（U）］：（输入"C"，按＜Enter＞键）

坐凳正立面图完成效果如图 2-2 中所示。

提出问题：

两侧的坐凳腿都是一样的，能否快速复制出右侧的坐凳腿矩形？

解决问题：

使用镜像工具复制完成右侧的坐凳腿。

具体操作：

在 CAD 界面上方的"修改"工具栏中选择"镜像"工具，如图 2-11 所示。或者通过键盘输入镜像的快捷命令"mi"（MIRROR），按＜Enter＞键，启动该命令。

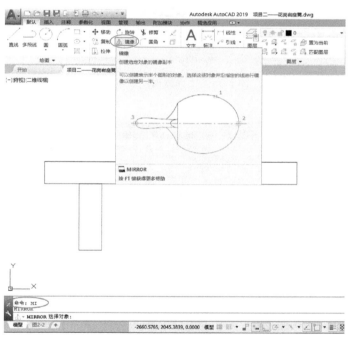

图 2-11 执行"镜像"命令

根据命令行的提示"MIRROR 选择对象："指定需要执行操作的对象。在绘制的左侧坐凳腿的矩形四条边上分别单击，选中的直线以高亮的蓝色显示，命令行也提示共计选择了 4 个对象，按＜Enter＞键，命令行提示"指定镜像线的第一点："。打开对象捕捉功能并且设置好捕捉中点，移动光标靠近坐板矩形下边缘直线中间的位置，出现三角形状的对象捕捉点，光标停留在该三角形上时，出现"中点"二字，单击指定镜像线的一个点。此时，在该点与光标之间会出现一条虚线，并且复制的新对象也随着光标在旋转，如图 2-12 所示。

命令行提示为"MIRROR 指定镜像线的第二点："，光标移动至镜像线第一个点的正下方，出现虚线的极轴位置提示，如图 2-13 所示，单击完成镜像线第二点的指定。此时点与光标之间的虚线消失，命令行提示"MIRROR 要删除源对象吗？［是（Y） 否（N）］＜否＞:"，选择"否（N）"，如图 2-14 所示，按＜Enter＞键，镜像命令结束，右侧坐凳腿镜像复制完成。

园林 CAD

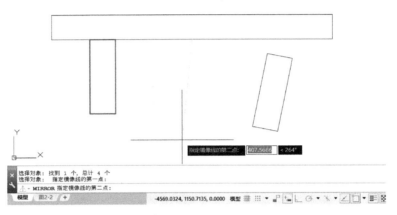

图 2-12 指定镜像线第一点

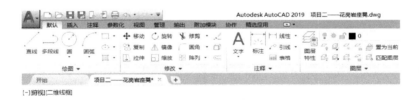

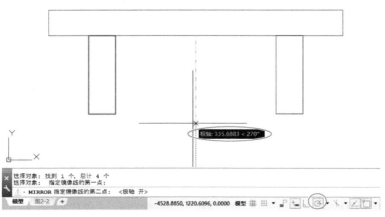

图 2-13 指定镜像线第二点

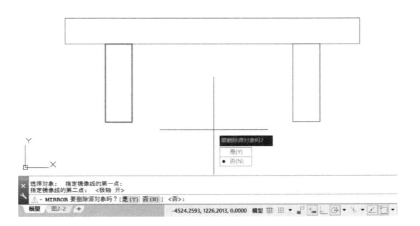

图 2-14　不删除镜像源对象

镜像具体的操作步骤和命令行提示信息如下：

命令：MI（输入"MI"，按 < Enter > 键）

MIRROR 选择对象：（在左侧坐凳腿矩形的四条边上分别单击选取）找到 1 个，总计 4 个（按 < Enter > 键）

MIRROR 指定镜像线的第一点：（捕捉坐板下边缘的中点，单击）

MIRROR 指定镜像线的第一点：指定镜像线的第二点：（光标移动至坐板下边缘正下方，光标附近提示"垂足：…… <270°"，单击）

MIRROR 要删除源对象吗？［是（Y）/否（N）］<否>：（按 < Enter > 键）

知识点扩展：

　　镜像是指像照镜子一样，把某对象复制出一个相同且相对的对象。镜像线是指源对象和复制对象之间的对称线。

　　在命令行选项中凡是被"< >"括起来的即为软件的默认操作，如果同意执行该选项，可不用输入相应的参数字母或数字，而直接按 < Enter > 键执行操作。如果需要选择其他参数选项，则需要键盘输入相对应的参数字母来实现操作。

　　在命令行提示"MIRROR 要删除源对象吗？［是（Y）　否（N）］<否>："时，之前的操作是直接按 < Enter > 键，即执行了中括号 <否> "不删除源对象"的参数选项，即镜像复制了右坐凳腿的同时左坐凳腿被保留。若不想保留被复制的那个对象（左坐凳腿），则可以在此时输入"Y"，按 < Enter > 键，则命令结束，只保留复制出的那个对象（右坐凳腿）。

四、保存文件

在作图的过程中，要随时保存文件，可按快捷键 < Ctrl + S >。同时，根据需要可修改文件名称。建议将文件类型存为较低版本，如图 2-15 所示的 AutoCAD 2000 版，以便在更多版本的 AutoCAD 软件中都能打开本文件。

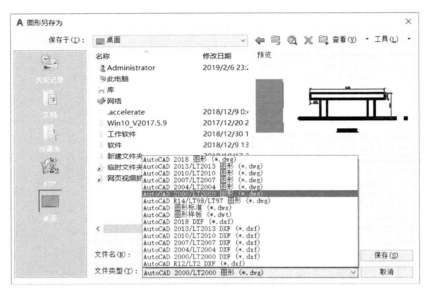

图 2-15　保存文件

— **知识点扩展**：

当文件被保存为较高版本时，在安装有低于该版本 CAD 的计算机中是无法被打开的，但高版本的 CAD 可以打开低版本的文件。

为了避免在保存时忘记选择文件类型为低版本，可先在 CAD 预设中将文件保存的默认类型设置为 AutoCAD 2000 版。具体操作：在绘图区域右击，在快捷菜单中选择"选项"命令，弹出"选项"对话框，选择"打开和保存"选项卡，选择文件保存类型为较低版本，如图 2-16 所示。

图 2-16　设置文件默认保存版本

任务 2　花岗岩石凳侧立面图的绘制

图纸分析：

　　通过对石凳设计图纸（图 2-2）的识读，花岗岩石凳侧立面图的组成也较为简单，由两个矩形构成。上方长 1.1m、宽 0.4m、厚 0.1m 的坐板侧立面为一个 100×400 的矩形，下方长 0.1m、宽 0.3m、高 0.3m 的坐凳腿侧立面为一个 300×300 的矩形。

思路分析：

　　按图示尺寸使用矩形命令绘制坐板和坐凳腿侧立面的两个矩形，然后使用移动命令将两者放置在准确的位置上。

　　使用直线命令，采用与画石凳正立面图相同的方法可以完成石凳侧立面图的绘制。但本任务将介绍一种新的绘图工具和方法——矩形命令，以此来完成图形的绘制。

一、绘制坐板侧立面

1. 启动矩形命令

　　绘制矩形的快捷命令为 REC（RECTANG）。输入"REC"，按 < Enter > 键，即可启动绘制矩形的命令。还可以通过在 CAD 工作界面上方的命令面板中，单击"矩形"按钮图标（图 2-17）来启动矩形命令。此时在工作界面左下角的命令行中出现如图 2-17 所示的状态，接下来只需根据命令行中的提示和具体的尺寸数据就能完成矩形的绘制。

图 2-17　矩形工具及命令行状态

2. 绘制矩形

　　命令行提示信息为"RECTANG 指定第一个角点或［倒角（C）　标高（E）　圆角（F）　厚度（T）　宽度（W）］:"，在 CAD 工作界面的绘图区域任意位置单击完成矩形一个角点的指定，我们暂定该点为坐板侧立面矩形的左下角角点。

命令行跳转，出现新的一条提示信息："RECTANG 指定另一个角点或［面积（A） 尺寸（D） 旋转（R）]:"，此时，需要绘制一个已知尺寸为 100×400 的矩形，因此应该选择参数"尺寸（D）"，直接输入参数字母"D"，按＜Enter＞键。

命令行又跳转至下一条："RECTANG 指定矩形的长度＜10.0000＞:"，此时需要输入坐板侧面矩形的长度"400"，按＜Enter＞键；命令行又跳转至下一条："RECTANG 指定矩形的宽度＜10.0000＞:"，此时需要输入坐板侧面矩形的宽度"100"，按＜Enter＞键。

命令行跳转至新的提示："RECTANG 指定另一个角点或［面积（A） 尺寸（D） 旋转（R）]:"。移动光标会发现有一个固定尺寸的矩形随着光标在围绕着指定的第一个角点转动，会出现在其左上、左下、右下、右上四个位置。这四个方向代表着矩形即将放置的位置，作图者根据自己的需要，可以选择任意一个位置然后单击完成其放置及绘制矩形的命令。在此选择将光标移至右上方单击，结束命令，完成绘制。

> 矩形绘制的具体操作步骤和命令行提示信息如下：
> 命令：REC（输入"REC"，按＜Enter＞键）
> RECTANG 指定第一个角点或［倒角（C）/标高（E）/圆角（F）/厚度（T）/宽度（W）]:（在工作界面绘图区域任意位置单击鼠标，完成矩形左下角点的指定）
> RECTANG 指定另一个角点或［面积（A）/尺寸（D）/旋转（R）]:（输入"D"，按＜Enter＞键）
> RECTANG 指定矩形的长度＜10.0000＞:（输入"400"，按＜Enter＞键）
> RECTANG 指定矩形的宽度＜10.0000＞:（输入"100"，按＜Enter＞键）
> RECTANG 指定另一个角点或［面积（A）/尺寸（D）/旋转（R）]:（光标移至任一位置单击）

━ 知识点扩展：━

在矩形绘制过程中矩形工具各参数的意义和作用将在后面章节需要用到的时候再介绍。

二、绘制坐凳腿侧立面

坐凳腿侧立面为一个 300×300 的矩形。在刚刚绘制好的坐板矩形旁边绘制坐凳腿。

> 坐凳腿侧面绘制的具体操作步骤和命令行提示信息如下：
> 命令：REC（输入"REC"，按＜Enter＞键）
> RECTANG 指定第一个角点或［倒角（C）/标高（E）/圆角（F）/厚度（T）/宽度（W）]:（在工作界面绘图区域任意位置单击，完成矩形左下角点的指定）
> RECTANG 指定另一个角点或［面积（A）/尺寸（D）/旋转（R）]:（输入"D"，按＜Enter＞键）
> RECTANG 指定矩形的长度＜400.0000＞:（输入"300"，按＜Enter＞键）
> RECTANG 指定矩形的宽度＜100.0000＞:（输入"300"，按＜Enter＞键）
> RECTANG 指定另一个角点或［面积（A）/尺寸（D）/旋转（R）]:（光标移至任一位置单击）

三、组合两矩形位置形成侧立面图

两个矩形虽然按规定尺寸绘制好了，但相对位置却是随意放置的，现在需要使用移动工具，并借助对象捕捉功能，将两矩形的位置摆放好。

移动工具的快捷命令为 M（MOVE）。输入"M"，按＜Enter＞键，启动移动命令；或者通过在工具栏选择"移动"工具，如图 2-18 所示，启动命令。

命令行提示信息为"MOVE 选择对象："，此时光标由十字形变为了一个小框。将光标移动至需要移动的坐凳腿矩形任意一条边上，单击选中一个对象，命令行跳转显示为"选择对象：找到 1 个""MOVE 选择对象"。只需要将坐凳腿这一个对象的位置产生位移，则选择这一个对象就可以了，在不需要另加选对象时直接按＜Enter＞键。

命令行跳转，提示信息为"MOVE 指定基点或［位移（D）］＜位移＞："，将光标移动至坐凳腿矩形上边缘中点处，对象捕捉中点，单击，完成移动基点的指定，如图 2-19 所示。

图 2-18　移动工具及命令行提示　　　　　图 2-19　移动工具捕捉基点

命令行跳转至下一条，并显示为"MOVE 指定第二个点或＜使用第一个点作为位移＞："，移动光标，至坐板矩形下边缘中点位置，对象捕捉其中点，如图 2-20 所示，单击，位置放置准确，移动命令结束。

知识点说明：

移动命令中的"基点"是指移动的源位置，"第二个点"是指目标位置。例如，要将某对象从 *A* 点移动至 *B* 点，*A* 点即为基点，*B* 点为第二个点。

移动命令的具体操作步骤和命令行提示信息如下：
命令：M（输入"M"，按＜Enter＞键）
MOVE 选择对象：（在需要移动的坐凳腿矩形任意边上单击）
选择对象：找到 1 个
MOVE 选择对象：（按＜Enter＞键）
MOVE 指定基点或［位移（D）］＜位移＞：（光标移动至坐凳腿上边缘的中点处，对象捕捉中点，单击）
MOVE 指定第二个点或＜使用第一个点作为位移＞：（光标移动至坐板矩形下边缘中点位置，对象捕捉其中点，单击）

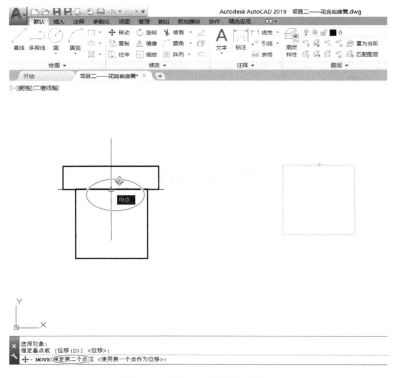

图 2-20　移动工具捕捉移动点

命令结束，矩形位置实现精确位移。花岗石坐凳侧立面图完成效果如图 2-2 中所示。

任务 3　花岗岩石凳平面图的绘制

图纸分析：

在花岗岩石凳平面图中，坐板为一 1100×400 的矩形，其四个角均倒圆角，圆角半径为 50；两个坐凳腿为 100×300 的虚线直角矩形；每侧坐凳腿中还有三个虚线小圆圈，为 3 个直径为 20 的石榫。

思路分析：

1. 使用矩形工具绘制 1100×400 的矩形作为坐板，利用矩形工具中的圆角参数对矩形圆角部分进行特殊处理。

2. 使用直线或者矩形工具绘制完成两个 100×300 的矩形作为坐凳腿，借助辅助线可移动至精确的位置。

3. 使用画圆的工具在坐凳腿的矩形中绘制石榫，石榫要求为虚线，再通过复制、镜像或者移动将其放在精确位置。

一、绘制坐板平面图

坐板平面的矩形四个角不是直角，而是圆角，四个角分别倒了半径为 50 的圆角。CAD 中的矩形工具有圆角参数，在绘制矩形之前将圆角参数设置好，就可以直接绘制出带圆角的矩形。

输入"REC"按＜Enter＞键，启动绘制矩形的工具，命令行跳转至第一条提示信息"RECTANG 指定第一个角点或［倒角（C）　标高（E）　圆角（F）　厚度（T）　宽度（W）］："，输入"F"，选择设置圆角，如图 2-21 所示，按 < Enter > 键。

命令行的提示为"RECTANG 指定矩形的圆角半径 < 0. 0000 > :"，此时需要设置圆角的半径值。根据图纸中的尺寸数据，输入圆角的半径值"50"，按 < Enter > 键，如图 2-22 所示。

命令行又跳转至前面绘制矩形时相同的提示信息"RECTANG 指定第一个角点或［倒角（C）标高（E）圆角（F）厚度（T）宽度（W）］:"，在绘图区域单击完成矩形第一个角点的指定，命令行跳转至"RECTANG 指定另一个角点或［面积（A）尺寸（D）旋转（R）］:"，输入参数"D"，按 < Enter > 键，分别输入矩形长度值"1100"（按 < Enter > 键）和宽度值"400"（按 < Enter > 键），最后确定矩形的摆放方向，如图 2-23 所示，单击指定矩形的另一个角点，命令结束。一个带有半径为 50 圆角且尺寸为 1100 × 400 的矩形绘制完成。

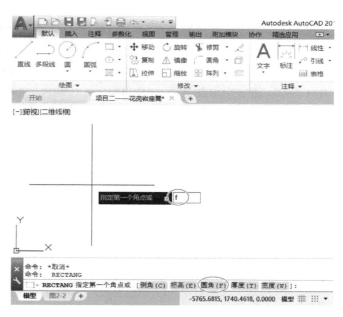

图 2-21　绘制矩形前选择设置圆角

图 2-22　设置圆角半径

圆角矩形绘制的具体操作步骤和命令行提示信息如下：

命令：REC（输入"REC"，按 < Enter > 键）

RECTANG 指定第一个角点或［倒角（C）/标高（E）/圆角（F）/厚度（T）/宽度（W）］:（输入"F"，按 < Enter > 键）

RECTANG 指定矩形的圆角半径 <0.0000>：（输入"50"，按 <Enter> 键）

RECTANG 指定另一个角点或［面积（A）/尺寸（D）/旋转（R）］：（输入"D"，按 <Enter> 键）

RECTANG 指定矩形的长度 <10.0000>：（输入"1100"，按 <Enter> 键）

RECTANG 指定矩形的宽度 <10.0000>：（输入"400"，按 <Enter> 键）

RECTANG 指定另一个角点或［面积（A）/尺寸（D）/旋转（R）］：（光标移至任一合适位置，单击）

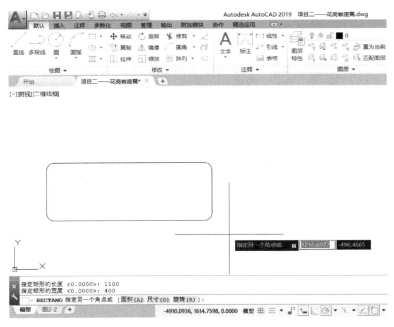

图 2-23　绘制圆角矩形

二、绘制坐凳腿

坐凳腿在平面图中被坐板遮挡住了，但又必须描述出其平面大小和位置等信息，因此采用虚线来表示。在 CAD 中，想要绘制出虚线，就需要对线型进行设置。

1. 设置线型

在"特性"工具栏中，选择"线型"，如图 2-24 所示。单击其右侧的下三角符号打开下拉列表，发现里面可以选择的线型中没有所需要的虚线，因此就需要加载出来。在其下拉列表中选择"其他"，弹

图 2-24　修改线型特性

项目 2　石凳的绘制

出"线型管理器"对话框，单击"加载（L）"按钮，如图 2-25 所示，弹出"加载或重载线型"对话框。该对话框中展示了各式各样的线型，找到并选择需要的虚线线型，如图 2-26 所示，单击"确定"按钮，关闭该对话框，回到"线型管理器"中。再在"线型管理器"中选择刚才加载的虚线线型，如图 2-27 所示，单击"确定"按钮。至此，虚线的线型已经加载到线型列表的选项中了。

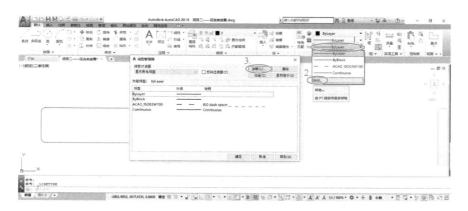

图 2-25　"线型管理器"对话框

图 2-26　"加载或重载线型"对话框

图 2-27　加载虚线线型

回到 CAD 工作界面，在"特性"选项栏中当再次打开"线型"下拉列表时，就可以找到刚刚加载的虚线线型了。选择虚线，如图 2-28 所示，则当前绘图的线条线型修改成功。

图 2-28　选用虚线线型

2. 绘制坐凳腿平面

绘制坐凳腿的线条根据需要已经设置为虚线了，接下来只需绘制出其平面形状即可。坐凳腿的平面图是一个尺寸为 100×300 的直角矩形。可以使用直线工具绘制，也可以选择矩形工具绘制。

如果要继续通过矩形工具来绘制，在启动矩形工具的第一步之后，命令行出现两条信息提示，分别为"当前矩形模式：圆角＝50.0000"和"RECTANG 指定第一个角点或［倒角（C）　标高（E）　圆角（F）　厚度（T）　宽度（W）］："，如图 2-29 所示。从第一行提示信息可以看出，当前要绘制的矩形是一个含有 50 半径圆角的矩形。

图 2-29　当前矩形绘制模式

> **知识点说明：**
>
> 　　矩形工具已经在前面使用过，并且修改过圆角参数，即矩形的模式已经修改过。CAD 系统会自动将上次的设置保留，作为当前矩形工具的参数。若其设置与即将要绘制矩形的状态特征不相符，则需要重新修改好相关设置后再进行绘图。

至此不难发现，即将要绘制的坐凳腿平面的矩形是直角的，与当前提示信息中圆角模式不相符，因此需要重新设置为直角的模式。

所谓直角的矩形，即圆角半径值设为 0。

输入"F"，按 < Enter > 键，当命令行跳转至"指定圆角半径 < 50.0000 >:"时，输入"0"，按 < Enter > 键。命令行提示"指定第一个角点"时，在绘图区域任意位置单击，确定矩形的某个角点。接下来用设置尺寸的方法完成矩形的绘制。选择输入参数尺寸"D"，按 < Enter > 键；提示"指定矩形的长度："时输入坐凳腿平面的长度"100"，按 < Enter > 键；提示"指定矩形的宽度："时输入其宽度"300"，按 < Enter > 键，单击指定矩形的另一个角点，结束命令。坐板和坐凳腿平面矩形的绘制效果如图 2-30 所示。

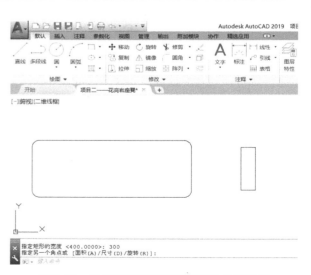

图 2-30　坐板和坐凳腿平面矩形的绘制效果

坐凳腿平面矩形绘制的具体操作步骤及命令行提示信息如下：

命令：REC（输入"REC"，按＜Enter＞键）

当前矩形模式：圆角＝50.0000

RECTANG 指定第一个角点或［倒角（C）/标高（E）/圆角（F）/厚度（T）/宽度（W）］：（输入"F"，按＜Enter＞键）

RECTANG 指定矩形的圆角半径＜50.0000＞：（输入"0"，按＜Enter＞键）

RECTANG 指定另一个角点或［面积（A）/尺寸（D）/旋转（R）］：（输入"D"，按＜Enter＞键）

RECTANG 指定矩形的长度＜10.0000＞：（输入"100"，按＜Enter＞键）

RECTANG 指定矩形的宽度＜10.0000＞：（输入"300"，按＜Enter＞键）

RECTANG 指定另一个角点或［面积（A）/尺寸（D）/旋转（R）］：（光标移至任意合适位置，单击）

3. 放置坐凳腿的平面位置

坐凳腿的平面虽已绘制完成，但还需要将其移动至精确位置。参看图 2-2 所示的坐凳平面图，以右侧坐凳腿为例，该矩形右边线应距离坐板右边缘 150，距离坐板上下边缘分别为 50。要将坐凳腿移动至这个精确位置，必须借助辅助线。

图 2-31 辅助线 AB

绘制一条辅助线 AB，保证辅助线的 A 端点在上述精确的位置，如图 2-31 所示。只需要将坐凳腿矩形的右边线中点移动至 A 点位置即可达到目的。

（1）绘制辅助线

绘制辅助线 AB 的具体步骤及命令行提示信息如下：

命令：L（输入"L"，按＜Enter＞键）

LINE 指定第一个点：（捕捉坐板平面的右边线中点，即图 2-25 中的 B 端点）

LINE 指定下个点或［放弃（U）］：（沿 X 轴负方向输入"150"，按＜Enter＞键，按＜Enter＞键）

（2）放置位置 使用移动工具选中坐凳腿平面矩形，指定基点时，通过对象捕捉功能，捕捉坐凳腿右边线的中点并单击；指定位移点时，捕捉辅助线的 A 端点并单击。小矩形轻而易举地被移动至精确位置。

移动坐凳的具体步骤及命令行提示信息如下：

命令：M（输入"M"，按＜Enter＞键）

MOVE 选择对象：（点选坐凳腿矩形）

选择对象：找到 1 个

MOVE 选择对象：（按＜Enter＞键）

MOVE 指定基点或［位移（D）］＜位移＞：（光标移动至坐凳腿矩形右边缘的中点处，对象捕捉中点，单击）

MOVE 指定第二个点或＜使用第一个点作为位移＞：（光标移动至辅助线的 A 点，对象捕捉端点，单击）

矩形位置移动放置完成，选中直线 AB，按＜Delete＞键，将辅助线 AB 删除。

只要坐凳腿的小矩形严格按照其平面尺寸绘制，即 100×300，则其按照上述方法放置好后就能保证其距坐板上下边缘的距离都为 50。

三、绘制石榫平面

在设计中，石凳的腿部与坐板部位的连接需要借助石榫，如图 2-2 所示，每侧都有 3 个直径为 20 的石榫，因此平面图中需要绘制出其平面圆形及位置。石榫平面线条为虚线，绘制虚线时设置线型的方法与前面坐凳腿平面绘制时的虚线设置相同，只需要绘制出直径为 20 的圆并摆放好位置即可。

1. 设置绘制圆的线条线型

方法与前面坐凳腿平面绘制时的虚线设置相同。

2. 画圆

绘制圆形的快捷命令为 C（CIRCLE），输入"C"并按 < Enter > 键，或者通过在工具栏中选择圆的绘图工具启动画圆程序，如图 2-32 所示。

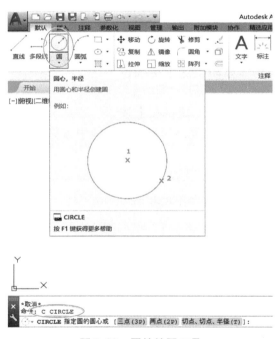

图 2-32　圆的绘图工具

命令行提示："CIRCLE 指定圆的圆心或［三点（3P）　两点（2P）　切点、切点、半径（T）］:"。暂且不考虑中括号"［　］"里面的可选参数，而通过指定圆心和半径的方法完成图示要求的圆形绘制。光标移动至绘图区域空白位置，单击指定圆的圆心。命令行跳转至"CIRCLE 指定圆的半径或［直径（D）］:"，用键盘输入圆的半径"10"，按 < Enter > 键，圆形绘制完成。

> 绘制圆的具体步骤及命令行提示信息如下：
> 命令：C（输入"C"，按 < Enter > 键）
> CIRCLE 指定圆的圆心或［三点（3P）/两点（2P）/切点、切点、半径（T）］:（在任意位置单击确定圆心）
> CIRCLE 指定圆的半径或［直径（D）］:（输入"10"，按 < Enter > 键）

3. 移动至精确的位置

利用做辅助线的方法，确定如图 2-33 所示的点 A（A 点距离右侧虚线 50，距离上侧虚线 50），使用移动工具，借助对象捕捉功能捕捉圆心，将圆移动至 A 点。

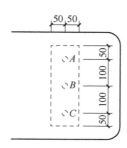

图 2-33　石榫圆平面位置示意图

> 绘制辅助线的具体操作步骤及命令行提示信息如下：
>
> 命令：L（输入"L，按 < Enter > 键）
>
> LINE 指定第一个点：（捕捉图 2-27 中虚线上边缘的中点）
>
> LINE 指定下一点或［放弃（U）］：（沿 Y 轴负方向输入"50"，按 < Enter > 键，按 < Enter > 键）

得到辅助直线的端点 A。

> 移动圆的具体操作步骤及命令行提示信息如下：
>
> 命令：M（输入"M"，按 < Enter > 键）
>
> MOVE 选择对象：（点选圆）
>
> 选择对象：找到 1 个
>
> MOVE 选择对象：（按 < Enter > 键）
>
> MOVE 指定基点或［位移（D）］< 位移 >：（光标移动至圆的圆心处，打开对象捕捉的圆心点功能，单击）
>
> MOVE 指定第二个点或 < 使用第一个点作为位移 >：（光标移动辅助线的 A 点，对象捕捉端点，单击）

第一个圆放置完成，删除辅助线，绘图结果如图 2-34 所示。

4. 复制右侧另两个石榫

CAD 中复制对象的快捷命令为 CO 或 CP（COPY）。输入"CO"（或"CP"）并按 < Enter > 键，或通过工具栏中找到"修改"按钮，在其下拉菜单中选择"复制"工具，如图 2-35 所示。

命令行提示信息显示为"COPY 选择对象："，单击选中第一个石榫的圆形，按 < Enter > 键。命令行跳转至："选择对象：找到 1 个""COPY 选择对象："。此处只需要复制圆一个对象，不需要再选择其他对象，按 < Enter > 键。

命令行跳转至："当前设置：复制模式 = 多个"（即只要复制命令未结束，就可以复制出多个对象）。下一条命令行提示："COPY 指定基点或［位移（D）　模式（O）］< 位移 >："。打开对象捕捉功能中的圆心，捕捉并单击选中第一个圆的圆心（图 2-33 中的 A 点）。命令行跳转至下一条：

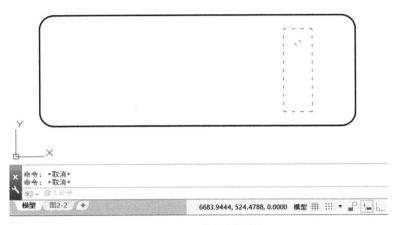

图 2-34　石榫绘制效果

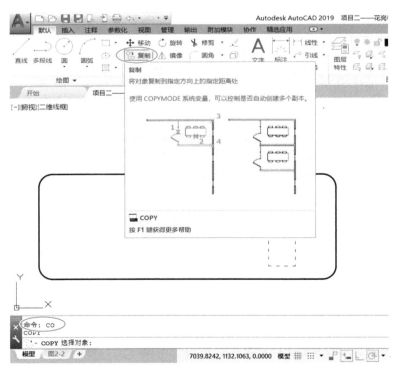

图 2-35　复制工具

"COPY 指定第二个点或［阵列（A）］＜使用第一个点作为位移＞："。按＜F10＞键打开极轴追踪功能，将光标移动至 A 点正下方，如图 2-36 所示，输入"100"（见图 2-33，两圆圆心之间的距离 AB 为 100），按＜Enter＞键。

命令行跳转至："COPY 指定第二个点或〔阵列（A）　退出（E）　放弃（U）〕＜退出＞:"。光标仍然保持在 *A* 点正下方，利用极轴保证垂直方向。输入"200"（见图 2-33，两圆圆心之间的距离 *AC* 为 200），按＜Enter＞键，再按＜Enter＞键，结束复制命令。成功复制两个圆，效果如图 2-37 所示。

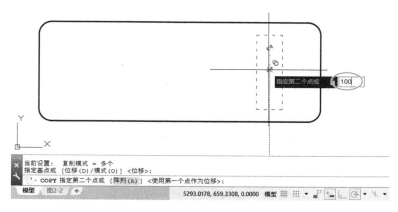

图 2-36　复制第一个圆

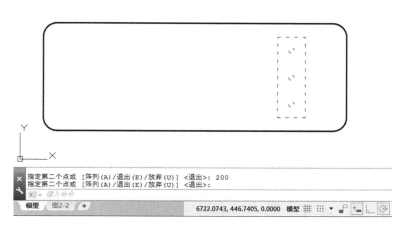

图 2-37　复制第二个圆

复制两个圆的具体步骤及命令行提示信息如下：

命令：CO（输入"CO"，按＜Enter＞键）

COPY 选择对象：（选择一个完成的圆，按＜Enter＞键）

选择对象：找到 1 个

COPY 选择对象：（按＜Enter＞键）

当前设置：复制模式 = 多个

COPY 指定基点或［位移（D）/模式（O）］＜位移＞：（借助对象捕捉选择圆心）

COPY 指定第二个点或［阵列（A）］＜使用第一个点作为位移＞：（按＜F10＞键打开极轴追踪功能，借助极轴找到 Y 轴负方向的垂直位置，输入"100"，按＜Enter＞键）

COPY 指定第二个点或［阵列（A）/退出（E）/放弃（U）］＜退出＞：（借助极轴找到 Y 轴负方向的垂直位置，输入"200"，按＜Enter＞键，按＜Enter＞键）

知识点扩展：

复制工具的参数解释如下。

"模式（O）"：在复制工具选择完对象之后可以看见当前状态的设置显示为"复制模式 = 多个"，若只想复制一个对象并且结束复制命令，则可以在此步骤选择参数"模式（O）"，将"多个复制模式（M）"修改为"单个模式（S）"。

"阵列（A）"：可以按照一定的数目和间距同时复制出多个对象。当步骤进行到指定基点之后，选择参数"阵列（A）"，按＜Enter＞键，命令行提示"COPY 输入要进行阵列的项目数："，输入"3"（需要复制 2 个对象再加上源对象一共 3 个对象），如图 2-38 所示，按＜Enter＞键，命令行跳转至"COPY 指定第二个点或［布满（F）］："，移动光标使极轴沿 Y 轴负方向，输入两对象之间的间距"100"，如图 2-39 所示，按＜Enter＞键，再按＜Enter＞键。命令结束，对象一次性复制完成，完成效果与图 2-37 完全相同。

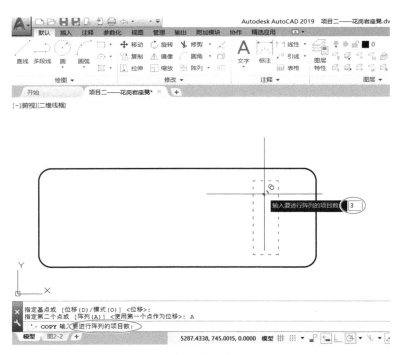

图 2-38 复制阵列输入项目数

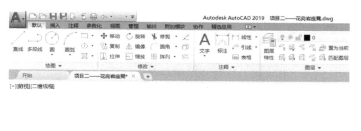

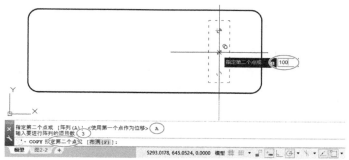

图 2-39　复制阵列输入间距

四、绘制左侧坐凳腿及石榫平面

　　左右两侧的坐凳腿和石榫平面完全相同，且右侧的图像已经完成，左侧的图像就可以通过更高效的方法——镜像或复制完成。在此，分别展示镜像和复制两种方式的操作步骤及命令行提示信息：

1. 镜像

命令：MI（输入"MI"，按＜Enter＞键）
MIRROR 选择对象：（在右侧坐凳腿矩形和 3 个石榫圆上分别单击选择）找到 1 个，总计 4 个（按＜Enter＞键）
MIRROR 指定镜像线的第一点：（光标靠近坐板上边缘的中点位置捕捉中点，单击）
MIRROR 指定镜像线的第一点：指定镜像线的第二点：（光标靠近坐板下边缘的中点位置捕捉中点，单击）
MIRROR 要删除源对象吗？［是（Y）/否（N）］＜否＞：（按＜Enter＞键）

2. 复制

命令：CO（输入"CO"，按＜Enter＞键）
COPY 选择对象：（选择坐凳腿矩形和 3 个石榫圆，按＜Enter＞键）
选择对象：找到 4 个
COPY 选择对象：（按＜Enter＞键）
当前设置：复制模式＝多个
COPY 指定基点或［位移（D）/模式（O）］＜位移＞：（借助对象捕捉图 2-33 中的圆心 A 点）
COPY 指定第二个点或［阵列（A）］＜使用第一个点作为位移＞：（借助极轴找到 X 轴负方向的水平位置，输入"700"，从图 2-2 中可以识读出左右两侧石榫的圆心距离，按＜Enter＞键，再按＜Enter＞键）

33

以上的两种方法请试一试，练一练。

操作说明：

    在 CAD 中每种绘图或者编辑命令都可以通过两种方法启动。第一种方式，通过输入相应绘图命令或者编辑命令。每种命令都可以通过输入其快捷命令而完成快速启动，这也需要大家熟记常用的快捷命令，它们一般都是对应命令英文的首字母或者前两位字母。常用的快捷命令可参看本书附录。第二种方式，在工具栏中单击相应的命令按钮。

    两种方式的执行结果都是一样。将命令启动之后只需通过命令行的提示即可完成命令的操作和图形的绘制。但一般采用输入快捷命令的方法会大大提高作图效率，因此它是目前行业中 CAD软件最常用的操作方式。

项目小结

    本项目的实施主要完成了对 CAD 基本操作的熟悉，掌握了画直线（通过方向、长度绘制）、矩形（直角矩形、圆角矩形）、圆（通过圆心、半径画圆）的绘制方法，掌握了删除、移动、镜像、复制等命令的操作。同时也体验了使用对象捕捉和极轴的辅助功能，以及辅助线来帮助绘图的过程。

想一想，练一练

1. 绘制直线的工具有哪些？
2. 采用绘制直线或矩形的命令完成如图 2-40 中 A3 图框的绘制。

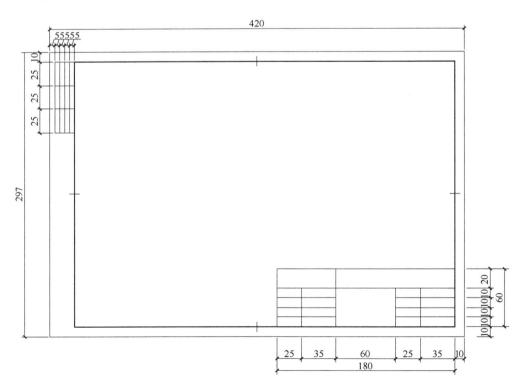

图 2-40　练习题——绘制图框

项目3　景门和景窗的绘制

 项目概述

　　在中国江南园林景观中常设置造型丰富且精致的入口，在粉墙上也常常设置供借景或框景的景窗。各式各样的景门和景窗造型别致多样，既增添游览趣味，又丰富园林景观，彰显出中国仿古园林的观赏性，如济南趵突泉公园内的一处圆形景门和六边形窗花（图3-1和图3-2）。

图3-1　圆形景门

图3-2　六边形景窗

　　本项目通过圆形景门和六边形、梅花形景窗的绘制，学习 AutoCAD 部分最基本的绘图命令和编辑命令。同时继续熟悉 AutoCAD 工作界面，了解命令运用的基本方法和步骤，熟悉园林工程图纸绘制的基本程序和步骤。

 项目分析

　　本项目以绘制圆形景门和六边形、梅花形窗花的正立面设计图纸为目标（图3-3和图3-4），学习 CAD 软件最基本的绘图和编辑操作。

知识目标

　　1. 掌握绘图命令中圆、直线、多段线的绘制方法。
　　2. 掌握编辑命令中环形阵列、偏移、修剪等操作。

素养目标

　　1. 文化自信增强
　　通过绘制古典园林的月洞门（圆形）与曲廊（多段线），学习"天圆地方"的哲学思想，了解中式

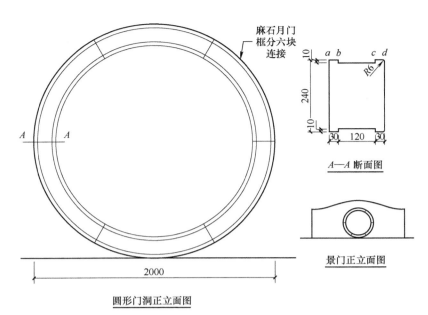

图 3-3 景门设计图

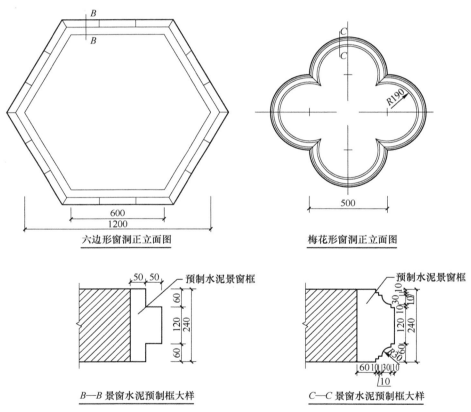

图 3-4 景窗设计图

美学，增强文化自信。

2. 规范意识强化

依据《建筑制图标准》（GB/T 50104—2010）设置多段线线宽等级。

 项目描述

完成圆形景门门洞立面图和 A—A 断面图、六边形景窗和梅花形景窗正立面图的绘制。学会多种方法绘制圆、多段线等基本图形，然后通过阵列、偏移、修剪等命令完成图形的编辑。

 项目准备

1. 知识准备：识读图 3-3、图 3-4 中的设计图；明白对象的空间造型；将图形分解为简单的几何形体；分析能实现操作的基本命令和工具。

2. 绘图条件准备：安装有 AutoCAD 软件的计算机。

项目实施

首先新建一图层，各项设置暂且采用默认值，将其设置为当前图层。在该图层上按照步骤完成图形的绘制。

任务 1　景门圆形门洞设计图的绘制

图纸分析：

通过对景门的圆形门洞设计图纸（图 3-3）的识读和分析，尤其是景门 $A—A$ 断面图（它展示了门洞的造型细节），了解到景门的圆形门洞造型是由两道凸出的圆痕（$A—A$ 断面图中线段 ab 和 cd 所在的圆环面）和一个凹面（$A—A$ 断面图中线段 bc 所在的圆环面）组成，并且被分割为规格相同的 6 部分。圆形门洞正立面图将景门表现为 4 个同圆心，由外至内分别为圆 a、圆 b、圆 c 和圆 d。外侧最大圆 a 的直径为 2m，由外到内的第二个圆 b 半径比最外层圆 a 半径短 30mm，第三个圆 c 比第二个圆 b 半径短 120mm，最内侧的圆 d 半径比圆 c 短 30mm。

思路分析：

圆形且有凹凸造型的景门石框被分解为最基本的几何形体——4 个圆心相同的圆，使用圆命令和对象捕捉即可完成 4 个同心圆的绘制。先从外侧最大的圆开始绘制（图中给出了该圆的直径 2m），然后依次绘制内侧的 3 个圆（3 个圆的半径需要通过 $A—A$ 断面图识读和计算出来）。采用圆绘制的方法之一——"圆心-半径"法逐一绘制最简单，也最容易懂。也可以通过绘制完最外侧大圆之后，采用偏移的方式完成内部 3 个圆的绘制。

将圆门洞分割为 6 部分的短直线通过直线绘制命令和环形阵列编辑操作可以完成。

$A—A$ 断面图使用多段线绘制命令即可完成，也可以通过直线 + 圆（或圆弧）的绘制及编辑命令来完成。

一、景门圆形门洞正立面图的绘制

圆的绘制方法很多，有如图 3-5 所示的 6 种方法："圆心，半径"法、"圆心，直径"法、"两点"法、"三点"法、"相切，相切，半径"法和"相切，相切，相切"法。

1. 绘制外侧最大的圆 a

从图 3-3 圆门正立面图中可知圆 a 的直径为 2000，半径为 1000，用"圆心，半径"法绘制。接下来介绍两种另种方式。

（1）命令输入方式　命令行输入"C"，按 < Enter > 键，启动绘制圆的命令，命令行跳转至第一条提示信息："CIRCLE 指定圆的圆心或〔三点（3P）　两点（2P）　切点、切点、半径（T）〕:"，如图 3-6

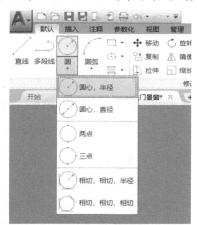

图 3-5　圆的绘制方法

所示。在绘图区域任意位置单击，确定圆的圆心，命令行跳至："CIRCLE 指定圆的半径或［直径（D）］："此时需要输入圆的半径值。根据图纸中的尺寸数据，输入圆的半径值"1000"，如图 3-7 所示，按 < Enter > 键，圆绘制完成，命令结束。

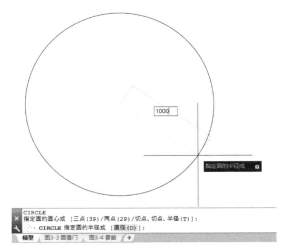

图 3-6 绘制圆命令行提示信息   图 3-7 输入圆半径值

该步骤完整的操作步骤及命令行提示信息如下：
命令：C（输入"C"，按 < Enter > 键）
CIRCLE 指定圆的圆心或［三点（3P）/两点（2P）/切点、切点、半径（T）］：（任意位置单击）
CIRCLE 指定圆的半径或［直径（D）］：（输入"1000"，按 < Enter > 键）

（2）菜单栏中选择命令方式 在"绘图"菜单栏，打开"圆"的下拉菜单，选择"圆心，半径"命令，如图 3-8 所示。命令行的提示信息与前种方式所示的命令相同，只需要指定圆的圆心，输入其半径就可以完成圆的绘制。

2. 绘制第二个圆 b

根据对图 3-3 的分析，由外到内的第二个圆 b 的半径比圆 a 的小 30mm。采用"圆心，直径"法绘制。

（1）命令输入的方法 命令行输入绘制圆的命令"C"，按 < Enter > 键，命令行提示："CIRCLE 指定圆的圆心或［三点（3P） 两点（2P） 切点、切点、半径（T）］："在指定圆心的时候，需要指定在圆 a 的圆心上，形成同心圆。

借助对象捕捉完成。在界面右下角"对象捕捉"按钮上右击打开对象捕捉设置，将"圆心"勾选中，如图 3-9 所示，按 < Enter > 键或在 CAD 界面任意位置单击，结束对象捕捉设置。确定对象捕捉功能打开。移动光标至刚刚绘制完成的圆 a 的圆心处，即出现对象捕捉的特殊点，圆心提示为一个十字符号，停留光标片刻即出现该点的名称提示"圆心"，如图 3-10 所示。在捕捉的点上单击，完成圆 b 的圆心的指定。

操作说明：

CAD 中对象捕捉特殊点之一的圆心，要提示并将其捕捉上必须同时满足两个条件：第一，在某个命令执行的情况下；第二，光标要从已绘制完成的圆边缘线条划过，移动至圆心的位置。其他对象捕捉特殊点的提示和捕捉也遵循同样的方法和条件。

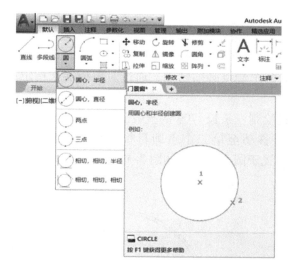

图 3-8　绘制圆的命令菜单

图 3-9　对象捕捉设置圆心

命令行跳至："CIRCLE 指定圆的半径或 [直径 (D)]:"。如果采用"圆心，直径"法绘制就应该输入参数"D"，按 <Enter> 键。命令行提示"指定圆的直径:"，输入圆 b 的直径值"1940"，按 <Enter> 键，操作完成，命令结束，绘制结果如图 3-11 所示。

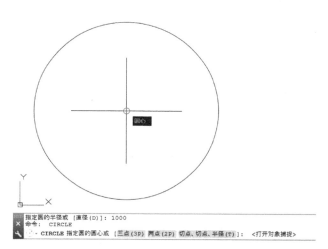

图 3-10　捕捉圆心

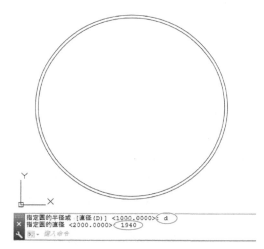

图 3-11　输入圆的直径值及绘制结果

该步骤完整的操作步骤及命令行提示信息如下：

命令：C（输入"C"，按 <Enter> 键）

CIRCLE 指定圆的圆心或 [三点 (3P)/两点 (2P)/切点、切点、半径 (T)]：（通过对象捕捉在圆心位置单击）

CIRCLE 指定圆的半径或 [直径 (D)] <1000.0000>：（输入"D"，按 <Enter> 键）

指定圆的直径 <2000.0000>：（输入"1940"，按 <Enter> 键）

（2）菜单栏中选择命令方式　在"绘图"菜单栏，打开"圆"的下拉菜单，如图 3-5 所示，选择"圆心，直径"命令。命令行的提示信息与前种方式所示的命令相同，只需要指定圆的圆心，输入其直径即可完成圆 b 的绘制。

3. 绘制圆 c

用"两点"法绘制圆 c。所谓"两点"法即通过指定圆直径的两个端点来确定圆。在本案例条件下，采用此法绘制圆 c 的前提是目标对象——圆 c 的直径的两个端点必须已知，通过对象捕捉来指定并完成绘制。

（1）做辅助线绘制圆 c 的直径　在绘图区域的任意位置绘制一条长 1700 的直线。使用移动命令，在指定移动基点的时候，通过对象捕捉指定该直线的中点，移动至第二个点即目标位置——圆心，如图 3-12 所示。此步操作的目的在于将圆 c 直径线条精确地放置于圆心位置，如图 3-13 所示。

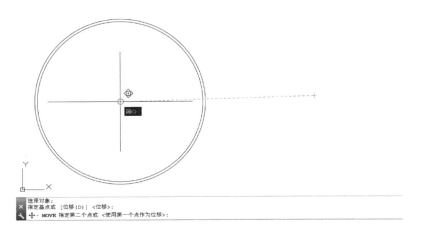

图 3-12　移动直线时对象捕捉点提示

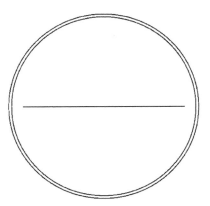

图 3-13　直径绘制完成效果

该步骤具体的操作及命令行提示信息如下：
命令：L（输入"L"，按 < Enter > 键）
LINE 指定第一个点：（在任意位置单击）
LINE 指定下一点或 ［放弃（U）］：（光标沿水平极轴方向放置，并输入"1700"，按 < Enter > 键）
LINE 指定下一点或 ［放弃（U）］：（按 < Enter > 键）
命令：M（输入"M"，按 < Enter > 键）
MOVE 选择对象：找到 1 个（按 < Enter > 键）
MOVE 指定基点或 ［位移（D）］ < 位移 >：（对象捕捉指定直线的中点位置，单击）
MOVE 指定第二个点或 < 使用第一个点作为位移 >：（对象捕捉指定圆心位置，单击）

（2）"两点"法绘制圆 c　在"绘图"菜单栏，打开"圆"的下拉菜单，选择"两点"命令，如图 3-14 所示。命令行的提示："CIRCLE 指定圆的圆心或 ［三点（3P）/两点（2P）/切点、切点、半径（T）］：_2p 指定圆直径的第一个端点："。通过对象捕捉选择图 3-13 中直径的左侧端点，命令行跳转至下条提示信息"指定圆直径的第二个端点："，通过对象捕捉选择直径的右侧端点，命令自动结束，两点法绘圆完成，如图 3-15 所示。

（3）删除直径的辅助线条　选中直径，按 < Delete > 键。

4. 绘制圆 d

圆 d 的绘制方法仍然可以采用绘制圆 a 或圆 b 或圆 c 相同的方法（"圆心，半径"法或"圆心，直径"法或"两点"法），具体的操作步骤不再赘述。通过识图分析圆 d 半径值为 820，完成效果如图 3-16 所示。

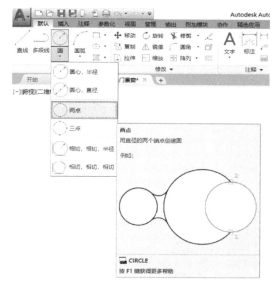

图 3-14　选择"两点"法绘制圆

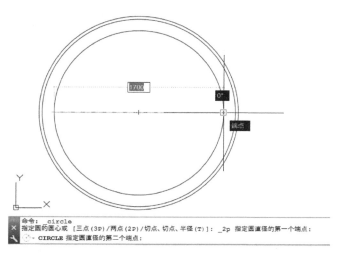

图 3-15　"两点"法绘制圆 c 结果

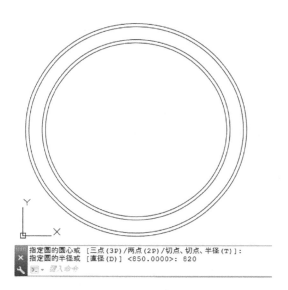

图 3-16　圆形门洞绘制完成效果

操作说明：

根据条件，此例不适合采用"三点"法、"相切，相切，半径"法和"相切，相切，相切"法。

5. 绘制 6 条分割线

（1）绘制第一条分割线　输入"L"命令，启动直线工具，对象捕捉设置为"象限点"选中状态，如图 3-17 所示。

光标移动至最大的圆 a 左侧边缘，当出现捕捉提示的菱形小方块标志时，代表"象限点"捕捉上

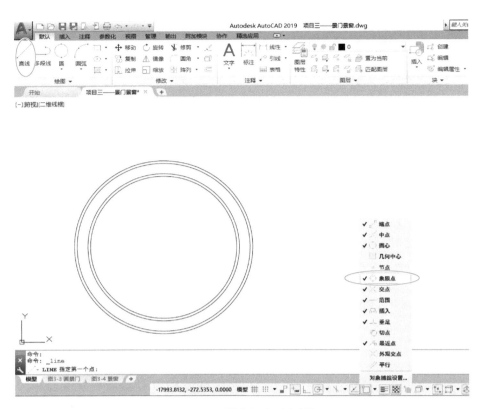

图 3-17　设置象限点对象捕捉

了，如图 3-18 所示，单击完成直线第一个端点的指定。

水平向右移动光标至内侧圆 *d* 的左边缘，同样捕捉其象限点，如图 3-19 所示，单击，按 < Enter > 键，完成第一条分割线的绘制。

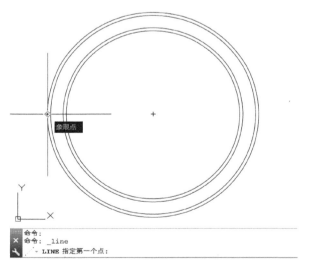

图 3-18　捕捉外圆象限点

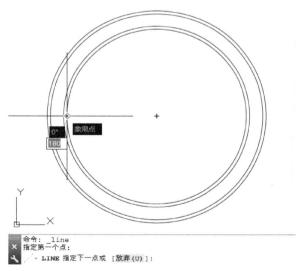

图 3-19　捕捉内圆象限点

（2）绘制剩余 5 条分割线　使用阵列编辑命令，绕圆心排列 5 条短直线即可完成。

在"修改"工具栏中找到"阵列"工具，并单击其右侧的黑色小三角形符号，打开"阵列"的下拉菜单，在其中单击"环形阵列"，如图 3-20 所示，启动环形阵列命令。

命令行提示"选择对象",用光标选择短直线,命令行提示"选择对象:找到 1 个",如图 3-21 所示,按 < Enter > 键。

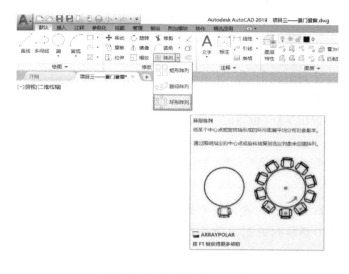

图 3-20　启动环形阵列工具

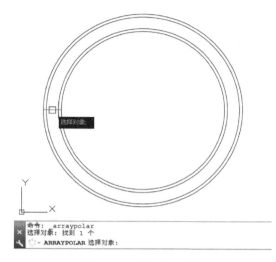

图 3-21　选择阵列对象

命令行提示:"ARRAYPOLAR 指定阵列的中心点或 [基点(B)　旋转轴(A)]:"。光标移动至圆心的位置,通过对象捕捉功能(提前设置好圆心能被捕捉的勾选状态),如图 3-22 所示,单击完成环形阵列中心点的指定。

命令行跳转至下一条,界面发生变化,如图 3-23 所示,按图中蓝线区域内数值修改各参数。按 < Enter > 键,命令结束,6 条分割线绘制完成。

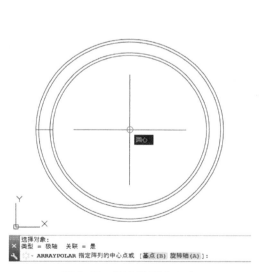

图 3-22　指定阵列中心点

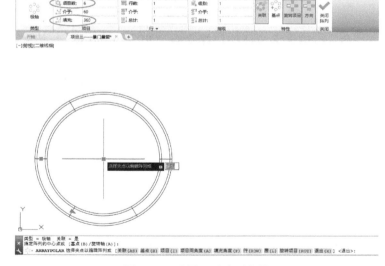

图 3-23　设置环形阵列参数

知识点说明:

　　环形阵列工具参数中"项目数"是指需要阵列的对象个数,包括原对象在内;"填充"是指环形排列的圆心角度,排列若想沿逆时针方向进行则输入正值,沿顺时针方向则输入负值。

该步骤具体的操作及命令行提示信息如下：

命令：_arraypolar（"修改"工具栏中选择"环形阵列"工具）

选择对象：（光标在短直线上单击）找到 1 个

选择对象：（按 <Enter> 键）

类型 = 极轴 关联 = 是

指定阵列的中心点或 [基点（B）/旋转轴（A）]：（对象捕捉圆心处单击）

选择夹点以编辑阵列或 [关联（AS）/基点（B）/项目（I）/项目间角度（A）/填充角度（F）/行（ROW）/层（L）/旋转项目（ROT）/退出（X）] <退出>：（设置好如图 3-23 所示的参数，按 <Enter> 键，按 <Enter> 键）

—— 知识点扩展：——

阵列命令执行之后，因选择了"关联"参数，阵列操作形成的所有对象都被创建为一个整体对象。若想拆散为单个个体，需要执行分解命令。若不想阵列时创建为一个整体对象，在面板中不选"关联"即可。

二、景门圆形门洞框 **A—A** 断面图的绘制

由图 3-3 可知，A—A 断面图为直线段和弧线段（右侧上下两个转角处有两半径为 6 的圆角）组成的线条，在 CAD 中，多段线工具可以同时完成直线和弧线的绘制。

从 A—A 断面图中左上角标注有 a 的角点开始，沿着逆时针的方向绘制，先绘制直线段，再绘制弧线段，然后转换至绘制直线段，再转换至绘制弧线段，最后绘制直线段，闭合图形，完成。

1. 启动多段线命令

命令行输入多段线的快捷命令"PL"（PLINE），按 <Enter> 键；或绘图工具栏中单击"多段线"图标按钮，如图 3-24 所示。

命令行提示"PLINE 指定起点："，在绘图区域单击，完成 a 点的绘制，按 <F8> 键（或单击状态栏中"正交限制光标"至打开状态，见图 3-25），打开正交功能。

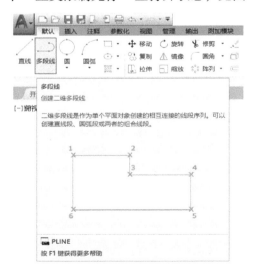

图 3-24 启动多段线命令

图 3-25 打开正交功能

知识点说明：

正交功能打开后可以让绘图方向只沿着水平方向或垂直方向进行，其他任意角度方向的绘图都会因此受限。

2. 绘制直线段

光标移动至 a 点下方，输入该段线条长度"240"，按 < Enter > 键；光标移动至第二点右方，输入线条长度值"30"，按 < Enter > 键；光标移动至第三点上方，输入线段长度值"10"，按 < Enter > 键；移动光标至其右方，输入长度值"120"，按 < Enter > 键；移动光标至其下方，输入长度值"10"，按 < Enter > 键；移动光标至其右方，输入长度值"24"，按 < Enter > 键。至此，图形绘制效果如图 3-26 所示。

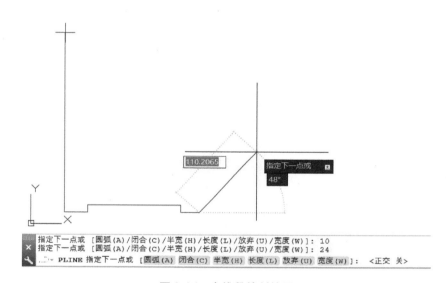

图 3-26　直线段绘制结果

按 < F8 > 键，关闭正交功能。

3. 绘制弧线段

多段线的命令并未结束，接下来需要转换至绘制圆弧线段。根据命令行的提示："PLINE 指定下一点或［圆弧（A）闭合（C）半宽（H）长度（L）放弃（U）宽度（W）："，选择绘制圆弧的参数，输入"A"，如图 3-27 所示，按 < Enter > 键。

命令行跳转至下一条："指定圆弧的端点（按住 Ctrl 键以切换方向）或 PLINE［角度（A）圆心（CE）闭合（CL）方向（D）半宽（H）直线（L）半径（R）第二个点（S）放弃（U）宽度（W）："，根据参数选择角度，键盘输入"A"，按 < Enter > 键。

命令行跳转至下一条："PLINE 指定夹角："。输入该圆弧的圆心角度数"90"，按 < Enter > 键，如图 3-28 所示。

命令行跳转至下一条："指定圆弧的端点（按住 Ctrl 键以切换方向）或［圆心（CE）半径（R）："，根据参数选择半径，并进行半径长度的设置，键盘输入"R"，按 < Enter > 键。

命令行跳转至下一条："PLINE 指定圆弧的半径："，输入该圆弧的半径长度"6"，按 < Enter > 键，如图 3-29 所示。

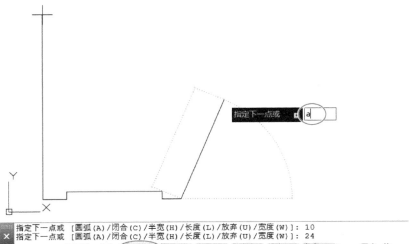

图 3-27　多段线命令绘制圆弧段

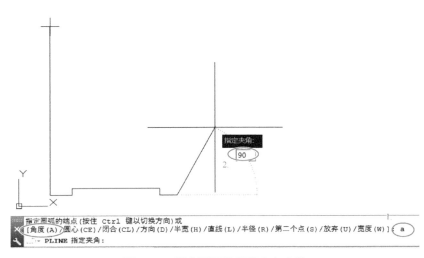

图 3-28　指定圆弧线段圆心角度数

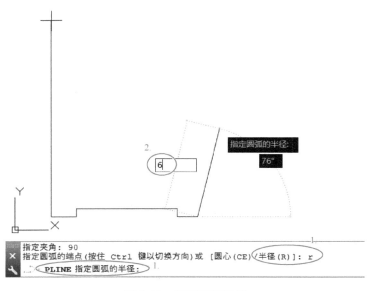

图 3-29　指定圆弧半径

命令行跳转至下一条："PLINE 指定圆弧的弦方向（按住 Ctrl 键以切换方向）＜0＞："。需要指定该圆弧弦与水平面的夹角度数，输入"45"，按＜Enter＞键，如图 3-30 所示。

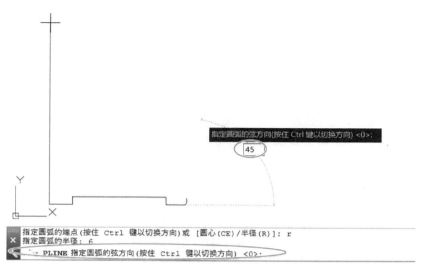

图 3-30　指定弦方向角度

4. 绘制直线段

需要将多段线命令转回画直线段的状态。

根据命令行提示："指定圆弧的端点（按住 Ctrl 键以切换方向）或 PLINE［角度（A）　圆心（CE）　闭合（CL）　方向（D）　半宽（H）　直线（L）　半径（R）第二个点（S）　放弃（U）　宽度（W）］："，选择绘制直线段的参数"L"输入，按＜Enter＞键。

打开正交或极轴追踪功能，辅助完成垂直线段的绘制。

光标移动至垂直向上方向，输入该段线条长度"228"，如图 3-31 所示，按＜Enter＞键。关闭正交功能。

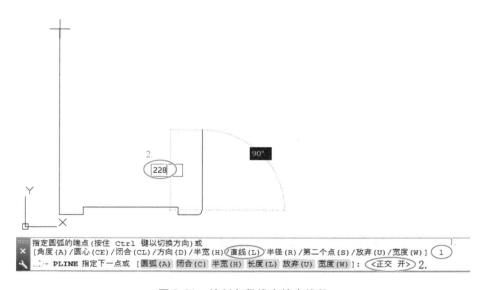

图 3-31　绘制多段线中的直线段

5. 绘制弧线段

需要将多段线命令转换至绘制圆弧线段状态。

根据命令行的提示："PLINE 指定下一点或［圆弧（A） 闭合（CL） 半宽（H） 长度（L） 放弃（U） 宽度（W）］:"，选择绘制圆弧的参数"A"输入，按＜Enter＞键。

继续设置圆弧的各参数，方法参考第 3 步，具体如下：

命令行跳转至下一条："指定圆弧的端点（按住 Ctrl 键以切换方向）或 PLINE［角度（A） 圆心（CE） 闭合（CL） 方向（D） 半宽（H） 直线（L） 半径（R） 第二个点（S） 放弃（U） 宽度（W）］:"，根据参数选择角度，键盘输入"A"，按＜Enter＞键。

命令行跳转至下一条："PLINE 指定夹角:"，输入该圆弧的圆心夹角度数"90"，按＜Enter＞键。

命令行跳转至下一条："指定圆弧的端点（按住 Ctrl 键以切换方向）或［圆心（CE） 半径（R）］:"，根据参数选择半径，并进行半径长度的设置，输入"R"，按＜Enter＞键。

命令行跳转至下一条："PLINE 指定圆弧的半径:"，输入该圆弧的半径长度"6"，按＜Enter＞键。

命令行跳转至下一条："PLINE 指定圆弧的弦方向（按住 Ctrl 键以切换方向）＜0＞:"，需要指定该圆弧弦与水平面的夹角度数，输入"135"，按＜Enter＞键。

至此，完成效果如图 3-32 所示。

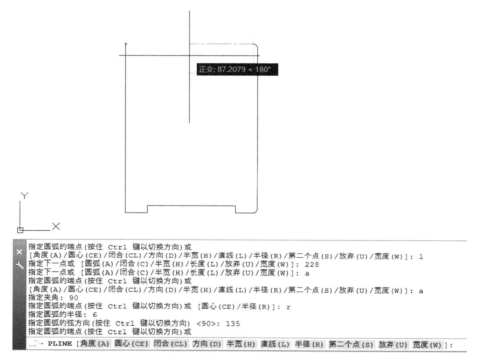

图 3-32　绘制第二个圆弧线段

6. 绘制直线段

需要将多段线命令转回画直线段的状态。

根据命令行提示："指定圆弧的端点（按住 Ctrl 键以切换方向）或 PLINE［角度（A） 圆心（CE）闭合（CL） 方向（D） 半宽（H） 直线（L） 半径（R） 第二个点（S） 放弃（U） 宽度（W）］:"，选择绘制直线段的参数"L"输入，按＜Enter＞键。

打开正交或极轴追踪功能，辅助完成垂直线段的绘制。

光标移动至水平正左方向，输入该段线条长度"24"，按＜Enter＞键；光标移动至其正下方，输入该线段长度值"10"，按＜Enter＞键；光标移动至上一点水平左方向，输入该线段长度"120"，按＜Enter＞键；光标移动至上一点正上方，输入该线段长度"10"，按＜Enter＞键。至此，完成效果如图3-33所示。

　　下一步需要将线段连接至该图形的起点，封闭图形。根据命令行提示："PLINE 指定下一点或［圆弧（A）闭合（C）半宽（H）长度（L）放弃（U）宽度（W）]:"，输入参数"C"闭合，如图3-33所示，按＜Enter＞键。图形自动封闭，多段线命令结束。*A—A* 断面图绘制完成效果如图3-3 所示。

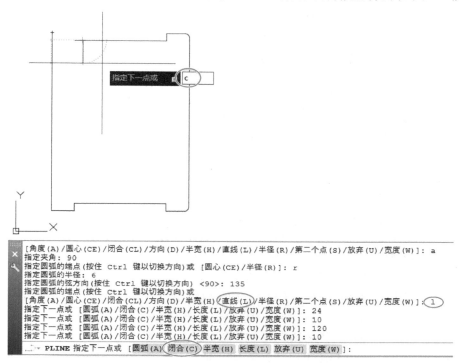

图3-33　绘制多段线中直线段部分并闭合图形

使用多段线工具绘制圆形景门 *A—A* 断面图的具体操作步骤及命令行提示信息如下：

命令：PL（输入"PL"，按＜Enter＞键）

PLINE

指定起点：（绘图区域任意位置单击）

当前线宽为 0.0000

PLINE 指定下一个点或［圆弧（A）/半宽（H）/长度（L）/放弃（U）/宽度（W）]:（按＜F8＞键）＜正交开＞（光标移至 Y 轴负方向，输入"240"，按＜Enter＞键）

PLINE 指定下一点或［圆弧（A）/闭合（C）/半宽（H）/长度（L）/放弃（U）/宽度（W）]:（光标移至 X 轴正方向，输入"30"，按＜Enter＞键）

PLINE 指定下一点或［圆弧（A）/闭合（C）/半宽（H）/长度（L）/放弃（U）/宽度（W）]:（光标移至 Y 轴正方向，输入"10"，按＜Enter＞键）

PLINE 指定下一点或［圆弧（A）/闭合（C）/半宽（H）/长度（L）/放弃（U）/宽度（W）]:（光标移至 X 轴正方向，输入"120"，按＜Enter＞键）

PLINE 指定下一点或［圆弧（A）/闭合（C）/半宽（H）/长度（L）/放弃（U）/宽度（W）]:（光标移至 Y 轴负方向，输入"10"，按＜Enter＞键）

PLINE 指定下一点或［圆弧（A）/闭合（C）/半宽（H）/长度（L）/放弃（U）/宽度（W）］：（光标移至 X 轴正方向，输入"24"，按＜Enter＞键）

PLINE 指定下一点或［圆弧（A）/闭合（C）/半宽（H）/长度（L）/放弃（U）/宽度（W）］：（按＜F8＞键）＜正交关＞（输入"A"，按＜Enter＞键）

指定圆弧的端点（按住 Ctrl 键以切换方向）或

PLINE ［角度（A）/圆心（CE）/闭合（CL）/方向（D）/半宽（H）/直线（L）/半径（R）/第二个点（S）/放弃（U）/宽度（W）］：（输入"A"，按＜Enter＞键）

PLINE 指定夹角：（输入"90"，按＜Enter＞键）

PLINE 指定圆弧的端点（按住 Ctrl 键以切换方向）或［圆心（CE）/半径（R）］：（输入"R"，按＜Enter＞键）

PLINE 指定圆弧的半径：（输入"6"，按＜Enter＞键）

PLINE 指定圆弧的弦方向（按住 Ctrl 键以切换方向）＜0＞：（输入"45"，按＜Enter＞键）

指定圆弧的端点（按住 Ctrl 键以切换方向）或

PLINE ［角度（A）/圆心（CE）/闭合（CL）/方向（D）/半宽（H）/直线（L）/半径（R）/第二个点（S）/放弃（U）/宽度（W）］：（输入"L"，按＜Enter＞键）

PLINE 指定下一点或［圆弧（A）/闭合（C）/半宽（H）/长度（L）/放弃（U）/宽度（W）］：（按＜F8＞键）＜正交开＞（光标移至 Y 轴正方向，输入"228"，按＜Enter＞键）

PLINE 指定下一点或［圆弧（A）/闭合（C）/半宽（H）/长度（L）/放弃（U）/宽度（W）］：（输入"A"，按＜Enter＞键）

指定圆弧的端点（按住 Ctrl 键以切换方向）或

PLINE ［角度（A）/圆心（CE）/闭合（CL）/方向（D）/半宽（H）/直线（L）/半径（R）/第二个点（S）/放弃（U）/宽度（W）］：（按"F8"键）＜正交关＞（输入"A"，按＜Enter＞键）

PLINE 指定夹角：（输入"90"，按＜Enter＞键）

PLINE 指定圆弧的端点（按住 Ctrl 键以切换方向）或［圆心（CE）/半径（R）］：（输入"R"，按＜Enter＞键）

PLINE 指定圆弧的半径：（输入"6"，按＜Enter＞键）

PLINE 指定圆弧的弦方向（按住 Ctrl 键以切换方向）＜90＞：（输入"135"，按＜Enter＞键）

指定圆弧的端点（按住 Ctrl 键以切换方向）或

PLINE ［角度（A）/圆心（CE）/闭合（CL）/方向（D）/半宽（H）/直线（L）/半径（R）/第二个点（S）/放弃（U）/宽度（W）］：（输入"L"，按＜Enter＞键）

PLINE 指定下一点或［圆弧（A）/闭合（C）/半宽（H）/长度（L）/放弃（U）/宽度（W）］：（按＜F8＞键）＜正交开＞（光标移至 X 轴负方向，输入"24"，按＜Enter＞键）

PLINE 指定下一点或［圆弧（A）/闭合（C）/半宽（H）/长度（L）/放弃（U）/宽度（W）］：（光标移至 Y 轴负方向，输入"10"，按＜Enter＞键）

PLINE 指定下一点或［圆弧（A）/闭合（C）/半宽（H）/长度（L）/放弃（U）/宽度（W）］：（光标移至 X 轴负方向，输入"120"，按＜Enter＞键）

PLINE 指定下一点或［圆弧（A）/闭合（C）/半宽（H）/长度（L）/放弃（U）/宽度（W）］：（光标移至 Y 轴正方向，输入"10"，按＜Enter＞键）

PLINE 指定下一点或［圆弧（A）/闭合（C）/半宽（H）/长度（L）/放弃（U）/宽度（W）］：（输入"C"，按＜Enter＞键）

任务 2 景窗设计图的绘制

图纸分析:

通过对景窗设计图纸（图3-4）的识读和分析,了解到图纸所示为景墙上两个不同造型的窗洞。景窗 B—B、C—C 断面大样图展示了景窗水泥预制框的造型细节:六边形的窗洞内侧有一个厚120mm的凸起造型,每条边被装饰线条等分为3块;梅花形的景窗造型有3道凸出的造型和1道圆弧凹面造型,由尺寸和形状完全相同的4部分组成。

在正立面设计图中,六边形窗洞表达为3个同心六边形,最内部的六边形边长600mm,两对角点相距1200mm。梅花形的景窗从内至外一共有5层梅花造型,最内层的梅花花瓣造型由4个圆弧构成,每个圆弧的半径为190mm。

思路分析:

六边形景窗框正立面图要绘制3个正六边形,使用多边形命令先绘制最内侧正六边形,再使用偏移编辑命令完成外侧两个六边形的绘制。从 B—B 景窗水泥预制框大样图中可知,第二层六边形的最大内切圆半径比最内一层六边形的内切圆半径扩大了50mm,第三层六边形比第二层又扩大了50mm。3个六边形都有相同的中心。同理,梅花形的景窗,最内层的梅花圆弧完成之后,向外绘制其他各层造型线条只需要分别将其复制并扩大10mm、30mm、10mm、10mm即可。在 CAD 里,能实现将原图形复制并扩大的就是"偏移"命令。

最内层的正六边形和梅花圆弧采用基本绘图工具——正多边形和圆即可完成。正六边形使用一个命令可完成全部操作,但梅花造型需要将四个圆弧进行拼接,还要借助剪切延伸等编辑操作才能完成。

B—B 和 C—C 断面大样图使用多段线即可完成,在景门 A—A 断面图的绘制中已经介绍了方法,在此省略其绘制。

一、六边形景窗正立面图的绘制

1. 绘制最内层正六边形

命令行输入多边形的快捷命令"POL"(POLYGON),按<Enter>键,或选择"绘图"工具栏中"多边形"工具(图3-34),启动多边形的命令。

命令行提示:"POLYGON 输入侧面数 < >:"。输入本图中需绘制的正六边形的边数"6",按<Enter>键。

命令行跳转提示:"POLYGON 指定正多边形的中心点或［边(E)］:"。本例已知的是六边形的边长为600mm,中心点无特殊要求,因此选择参数"边(E)"的方式继续绘制。输入"E",按<Enter>键。

命令行跳转提示:"POLYGON 指定边的第一个端点:",在绘图区域任意位置单击,完成第一点的指定。命令行跳至:"指定边的第二个端点:",本例中正六边形的边长为600mm,则第二个端点距离第一个端点600,打开正交功能,光标移至水平向右方向,输入"600",如图3-35所示,按<Enter>键。命令结束,六边形的绘制完成。

使用多边形工具绘制六边形的具体操作步骤及命令行提示信息如下:

命令:POLYGON(输入"POL",按<Enter>键)

POLYGON 输入侧面数 <4>：（输入"6"，按 <Enter> 键）

POLYGON 指定正多边形的中心点或 ［边（E）］：（输入"E"，按 <Enter> 键）

POLYGON 指定边的第一个端点：指定边的第二个端点：（光标移至水平右方向，输入"600"，按 <Enter> 键）

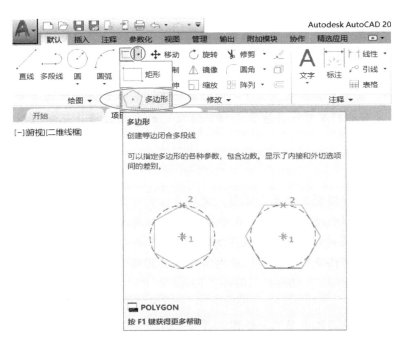

图 3-34　多边形工具

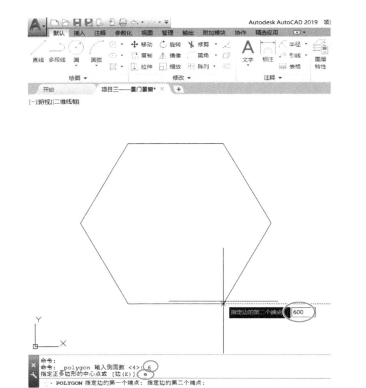

图 3-35　绘制正六边形

2. 绘制外侧两个正六边形

该六边形用上述命令和方法可以绘制完成，但需要借助辅助线找中心点和移动工具才能将两者放置到准确位置。

在此，我们学习新的方法绘制该六边形——偏移命令，它能更快捷地完成图形的绘制。从设计图纸图 3-4 中的 B—B 景窗水泥预制框大样图可知，由内向外第二个正六边形的内切圆半径比最内的正六边形的内切圆半径大 50mm。偏移命令正好可以将原图形复制并缩放至任意精度。

命令行输入偏移的快捷命令"O"（OFFSET），或在"修改"工具栏中（图 3-36）选择偏移工具，启动该命令。

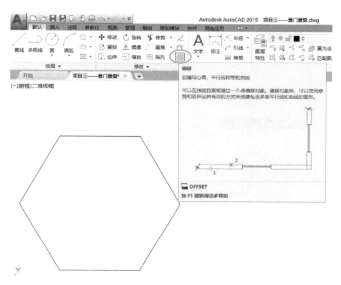

图 3-36 偏移工具

命令行提示需要输入扩大的图形与原图形之间的距离："OFFSET 指定偏移距离或［通过（T） 删除（E） 图层（L）］＜通过＞："。通过以上分析，输入"50"，按＜Enter＞键。

命令行跳至： "OFFSET 选择要偏移的对象，或［退出（E） 放弃（U）］＜退出＞："。选择原六边形，如图 3-37 所示。

命令行跳转至："OFFSET 指定要偏移的那一侧上的点，或［退出（E） 多个（M） 放弃（U）］＜退出＞："。将光标移至原六边形外侧，原六边形显示为蓝色高亮，偏移的对象显示为其所在图层的颜色，光标旁提示偏移距离，如图 3-38 所示，单击完成偏移操作。

命令行又跳转至和前两步相同的提示："OFFSET 选择要偏移的对象，或［退出（E） 放弃（U）］＜退出＞："。偏移命令没有结束，还可以按照前面设置好的偏移距离，另外选择新的对象进行偏移操作。按照和前面步骤相同的操作，选择对象时选择第二个正六边形，然后向外指定偏移方位，完成最外一层正六边形的绘制。当不需要继续该偏移操作时，按＜Enter＞键，

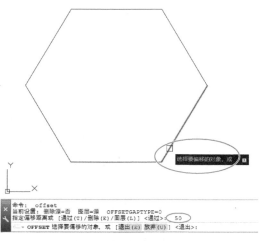

图 3-37 选择偏移对象

53

结束命令。图形绘制结果如图 3-39 所示。

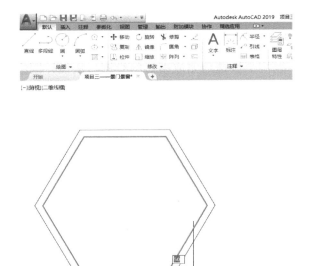

图 3-38　确定偏移方向

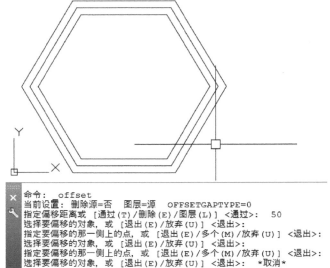

图 3-39　偏移两个正多边形结果

使用偏移工具绘制外侧两个正六边形的具体操作步骤及命令行提示信息如下：

命令：OFFSET（输入"O"，按 < Enter > 键）

当前设置：删除源 = 否图层 = 源　OFFSETGAPTYPE = 0

OFFSET 指定偏移距离或 ［通过（T）/删除（E）/图层（L）］ < 通过 >：（输入"50"，按 < Enter > 键）

OFFSET 选择要偏移的对象，或 ［退出（E）/放弃（U）］ < 退出 >：（选择六边形）

OFFSET 指定要偏移的那一侧上的点，或 ［退出（E）/多个（M）/放弃（U）］ < 退出 >：（在六边形外部单击）

OFFSET 选择要偏移的对象，或 ［退出（E）/放弃（U）］ < 退出 >：（选择上一次偏移出来的六边形）

OFFSET 指定要偏移的那一侧上的点，或 ［退出（E）/多个（M）/放弃（U）］ < 退出 >：（在六边形外部单击）

OFFSET 选择要偏移的对象，或 ［退出（E）/放弃（U）］ < 退出 >：（按 < Enter > 键）

3. 绘制分割装饰线条

外侧两个正多边形之间的环形面被 18 条短线分割为了 18 个面，每条边有 3 条短线且 3 等分该边，用直线或多段线命令绘制，但需要先将每条边等分为 3 份，然后通过对象捕捉完成操作。

（1）将正六边形 18 等分　能实现该步操作的命令为"定数等分"，即将对象按照规定的段数分割并创建端点。在"绘图"下拉菜单中选择定数等分工具，如图 3-40 所示。

命令行提示："DIVIDE 选择要定数等分的对象："，选择最外层的六边形。

命令行跳转至："DIVIDE 输入线段数目或 ［块（B）］:"，输入"18"，按 < Enter > 键，命令结束，该六边形被等分为 18 段。

再一次使用定数等分命令，执行和上一步相同的操作，完成中间层正六边形的 18 等分。框选两个正多边形，可以通过图像上的蓝色的端点观察被 18 等分的结果，如图 3-41 所示。

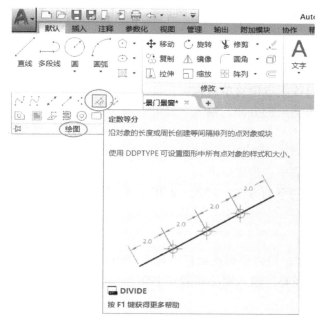

图 3-40　定数等分工具

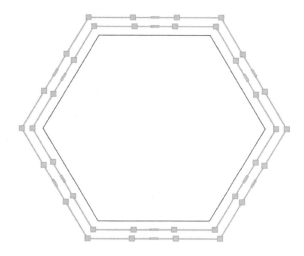

图 3-41　两个正六边形被 18 等分效果

使用定数等分工具将两个正六边形等分为 18 段的具体操作步骤及命令行提示信息如下：

命令：divide（输入"DIV"，按 < Enter > 键）

DIVIDE 选择要定数等分的对象：（选择六边形，按 < Enter > 键）

DIVIDE 输入线段数目或［块（*B*）］：（输入"18"，按 < Enter > 键）

（2）绘制等分装饰线条　多次使用直线工具，借助对象捕捉功能，连接对应的端点，完成装饰线条的绘制。效果如图 3-4 中六边形窗洞正立面图所示。

二、梅花景窗正立面图的绘制

1. 绘制最内层梅花

四瓣梅花造型由 4 个圆弧彼此连接而成。需要先作辅助线确定 4 个圆心的位置，再绘制 4 个半径为 190 的圆，然后通过修剪工具去掉多余的部分，保留图形中的圆弧段即可。

（1）确定 4 个圆心位置　从图 3-4 中的梅花形窗洞正立面图可知，相对两个圆弧的圆心连线长为 500mm。使用直线工具，绘制长为 500 且十字交叉的两条直线，如图 3-42 所示。

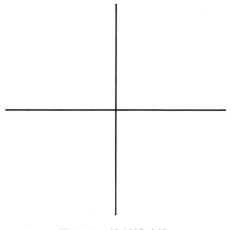

图 3-42　绘制辅助线

绘制十字交叉辅助线的具体操作步骤及命令行提示如下：

命令：L（输入"L"，按 < Enter > 键）

LINE 指定第一个点：（在绘图区域任意位置单击）

LINE 指定下一点或 ［放弃（U）］：（按 <F8> 键） <正交开> （光标移动至水平向右的方向，输入 "500"，按 <Enter> 键）

LINE 指定下一点或 ［放弃（U）］：（按 <Enter> 键）

命令：LINE （按 <Enter> 键）

LINE 指定第一个点：（借助对象捕捉功能在第一条直线中点位置单击）

LINE 指定下一点或 ［放弃（U）］：（光标移动至垂直向上的方向，输入 "250"，按 <Enter> 键）

LINE 指定下一点或 ［放弃（U）］：（按 <Enter> 键）

命令：LINE （按 <Enter> 键）

LINE 指定第一个点：（借助对象捕捉功能在第一条直线中点位置单击）

LINE 指定下一点或 ［放弃（U）］：（光标移动至垂直向下的方向，输入 "250"，按 <Enter> 键）

LINE 指定下一点或 ［放弃（U）］：（按 <Enter> 键）

（2）绘制圆 从图 3-4 中的梅花形窗洞正立面图可知，最内层梅花圆弧半径为 190mm。

启动画圆的工具，对象捕捉十字相交的直线端点为圆心，输入圆心半径 "190"，分别绘制 4 个圆，或通过复制工具完成，结果如图 3-43 所示。

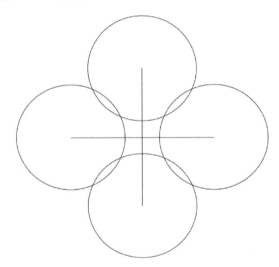

图 3-43 绘制圆

该步具体操作步骤及命令行提示信息如下：

命令：C （输入 "C"，按 <Enter> 键）

CIRCLE 指定圆的圆心或 ［三点（3P）/两点（2P）/切点、切点、半径（T）］：（对象捕捉直线一端点）

CIRCLE 指定圆的半径或 ［直径（D）］：（输入 "190"，按 <Enter> 键）

命令：CO （输入 "CO"，按 <Enter> 键）

COPY 选择对象：（选择上一步绘制的圆）找到 1 个

选择对象：（按 <Enter> 键）

当前设置：复制模式 = 多个

COPY 指定基点或 ［位移（D）/模式（O）］ <位移>：（对象捕捉上一步绘制圆的圆心，单击）

COPY 指定第二个点或［阵列（A）］＜使用第一个点作为位移＞：（对象捕捉十字交叉直线的另一端点，单击）

COPY 指定第二个点或［阵列（A）/退出（E）/放弃（U）］＜退出＞：（对象捕捉十字交叉直线的另一端点，单击）

COPY 指定第二个点或［阵列（A）/退出（E）/放弃（U）］＜退出＞：（对象捕捉十字交叉直线的另一端点，单击）

COPY 指定第二个点或［阵列（A）/退出（E）/放弃（U）］＜退出＞：（按＜Enter＞键）

（3）编辑形成圆弧 命令行输入修剪的快捷命令"TR"（TRIM），或在"修改"工具栏中选择修剪工具（图 3-44），启动该命令。

命令行提示："TRIM 选择对象或＜全部选择＞："。该步骤需要确定修剪的边界，用光标分别选择 4 个圆，4 个圆均显示为高亮即选择成功。

按＜Enter＞键，命令行跳转至："TRIM［栏选（F）窗交（C） 投影（P） 边（E） 删除（R） 放弃（U）］："。根据图形需要保留一段圆弧，多余的删除即可，用光标分别移动至需要删除的圆弧段处，光标旁出现小×符号，并且

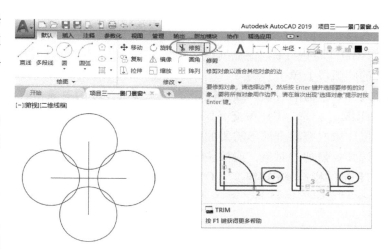

图 3-44 修剪工具

在提示窗口显示"选择要修剪的对象，……"，如图 3-45 所示，单击，该线段删除，移动光标至其他需要删除的圆弧段处，单击删除，执行相同的操作直至不需要再修剪，按＜Enter＞键，完成图形的编辑，完成效果如图 3-46 所示。

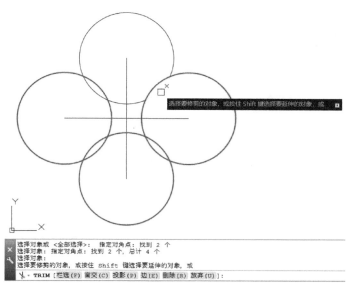

图 3-45 修剪多余的圆弧段

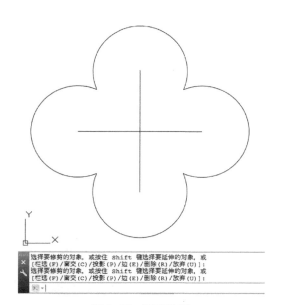

图 3-46 修剪结果

该修剪步骤的具体操作及命令行提示信息如下：

命令：TR（输入"TR"，按 < Enter > 键）

当前设置：投影 = UCS，边 = 延伸

选择剪切边 . . .

TRIM 选择对象或 < 全部选择 > ：（光标移动至圆上单击）找到 1 个

TRIM 选择对象：（光标移动至另一圆上单击）找到 1 个，总计 2 个

TRIM 选择对象：（光标移动至第三个圆上单击）找到 1 个，总计 3 个

TRIM 选择对象：（光标移动至第四个圆上单击）找到 1 个，总计 4 个

TRIM 选择对象：（按 < Enter > 键）

选择要修剪的对象，或按住 Shift 键选择要延伸的对象，或

TRIM［栏选（F）/窗交（C）/投影（P）/边（E）/删除（R）/放弃（U）］：（光标移动至需要删除的圆弧段上单击）

选择要修剪的对象，或按住 Shift 键选择要延伸的对象，或

TRIM［栏选（F）/窗交（C）/投影（P）/边（E）/删除（R）/放弃（U）］：（执行和上一步相同的操作依次删除全部不需要的弧线段）

选择要修剪的对象，或按住 Shift 键选择要延伸的对象，或

TRIM［栏选（F）/窗交（C）/投影（P）/边（E）/删除（R）/放弃（U）］：（按 < Enter > 键）

2. 绘制第二层梅花造型线条

通过对梅花形景窗的设计图图 3-4 中的 *C—C* 景窗水泥预制框大样图的识读了解到，第二层梅花造型线条比最内第一层造型扩大了 10mm，因此，借助偏移工具，设置偏移距离为 10，依次选择 4 个圆弧段，然后向外侧指定偏移位置，可以快速地完成第二层线条绘制。绘制效果如图 3-47 所示。

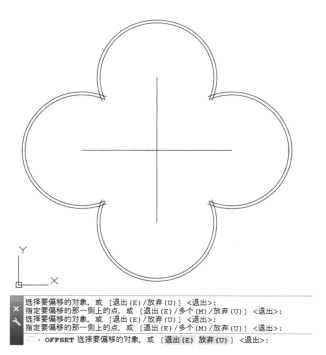

图 3-47　偏移绘制第二层线条

该偏移步骤具体操作及命令行提示信息如下：

命令：O（输入"O"，按＜Enter＞键）

当前设置：删除源＝否图层＝源　OFFSETGAPTYPE＝0

OFFSET 指定偏移距离或［通过（T）/删除（E）/图层（L）］＜50.0000＞：（输入"10"，按＜Enter＞键）

OFFSET 选择要偏移的对象，或［退出（E）/放弃（U）］＜退出＞：（用光标选择某一段圆弧）

OFFSET 指定要偏移的那一侧上的点，或［退出（E）/多个（M）/放弃（U）］＜退出＞：（光标移动至所选择圆弧的外侧，单击）

OFFSET 选择要偏移的对象，或［退出（E）/放弃（U）］＜退出＞：（继续用光标选择其他圆弧）

OFFSET 指定要偏移的那一侧上的点，或［退出（E）/多个（M）/放弃（U）］＜退出＞：（光标移动至所选择圆弧的外侧单击）

……（操作同上，直至 4 个圆弧都偏移出来）

OFFSET 选择要偏移的对象，或［退出（E）/放弃（U）］＜退出＞：（按＜Enter＞键）

偏移完成之后，在弧线相交部位都有多余线条伸出去，如图 3-48 蓝框处所示，需要修剪掉。执行修剪命令"TR"，分别选择第二层的 4 个圆弧为修剪边，再将多余部分依次修剪掉，修剪结果如图 3-49 蓝框处所示。

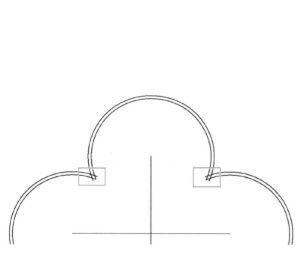

图 3-48　弧线交叉部位图

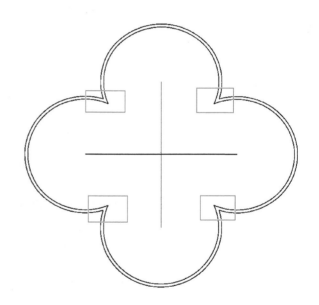

图 3-49　修剪交叉多余线条效果

该修剪步骤具体操作及命令行提示信息如下：

命令：TR（输入"TR"，按＜Enter＞键）

当前设置：投影＝UCS，边＝延伸

选择剪切边…

TRIM 选择对象或＜全部选择＞：（移动光标至第二层圆弧上单击）找到 1 个

TRIM 选择对象：（移动光标至第二层圆弧上单击）找到 1 个，总计 2 个

TRIM 选择对象：（移动光标至第二层圆弧上单击）找到 1 个，总计 3 个

TRIM 选择对象：（移动光标至第二层圆弧上单击）找到 1 个，总计 4 个

TRIM 选择对象：（按 < Enter > 键）

选择要修剪的对象，或按住 Shift 键选择要延伸的对象，或

TRIM ［栏选（F）/窗交（C）/投影（P）/边（E）/删除（R）/放弃（U）］：（移动光标至需要修剪掉的圆弧线段上单击）

选择要修剪的对象，或按住 Shift 键选择要延伸的对象，或

TRIM ［栏选（F）/窗交（C）/投影（P）/边（E）/删除（R）/放弃（U）］：

……（操作同上，直至全部多余线段都删除）

选择要修剪的对象，或按住 Shift 键选择要延伸的对象，或

［栏选（F）/窗交（C）/投影（P）/边（E）/删除（R）/放弃（U）］：（按 < Enter > 键）

3. 绘制其他层梅花造型线条

其他层的梅花造型线条绘制方法和第二层相同，但偏移的时候注意偏移距离的设置：从第二层偏移第三层的偏移距离为 30，从第三层偏移第四层的偏移距离为 10，从第四层偏移最外面的第五层的偏移距离也为 10。使用修剪命令裁剪多余线条的时候注意光标提示，依次耐心、细心地修剪，以免剪错线段。若操作失误，可执行修剪命令中的参数"放弃（U）"将图形恢复至前一步骤，然后再仔细操作。

至此，梅花形景窗的正立面图绘制完成，效果参看图 3-4 中的梅花形窗洞正立面图。

 **项目小结**

本项目主要训练了绘制圆的多种方法、多段线工具的基本使用。通过阵列、偏移、修剪等命令完成图形的编辑，节省时间的同时提高了绘图效率和准确性。

想一想，练一练

1. 请绘制一圆使之与图 3-50 中的圆 A、圆 B 和直线 L 都相切；再绘制一半径为 800 的圆，要求与圆 A、圆 B 相切。

2. 已知一半径为 2000 的圆，请绘制一正五边形，要求与圆相接；再在五边形内部绘制如图 3-51 所示的五角星。

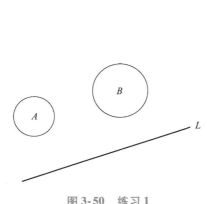

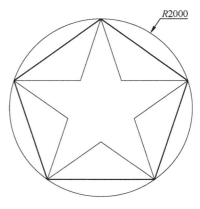

图 3-50　练习 1　　　　　　　　　图 3-51　练习 2

项目4 弧形花架的绘制

 项目概述

　　花架或廊架在园林景观设计中经常被采用，平面形式也以直形（图4-1）、弧形、圆形、折形居多。本项目以弧形花架为例，学习其施工图的绘制，从而掌握CAD的基本操作。鉴于本案例图纸内容较多（图4-2），只选择花架平面图、花架正立面图和1-1花架剖面图三个图样内容进行详细讲解。

 **知识目标**

1. 掌握绘图命令中圆弧的绘制方法。
2. 掌握编辑命令中旋转、阵列、修剪、延伸等操作。
3. 掌握线型特性中线条点画线的设置。

图4-1　花架

 素养目标

1. 工匠精神渗透
通过了解景观单体小品榫卯结构，感悟传统工艺的精密设计哲学及其在现代工程中的创新表达。
2. 规范意识强化
依据《房屋建筑制图统一标准》（GB/T 50001—2017）设置各图线线型，理解图纸语言的规范性。

 项目描述

　　首先完成弧形花架平面图的绘制，主要学习圆弧的画法和弧形阵列、修剪、延伸等编辑操作。然后绘制花架正立面图，主要巩固直线的画法，重点介绍矩形阵列的编辑操作。最后再绘制1-1花架剖面图，重点学习图案填充的方法。

项目准备

1. 知识准备：识读图4-2中的施工图；将图形分解为直线、弧形等形状单体。
2. 绘图条件准备：安装有AutoCAD软件的计算机。

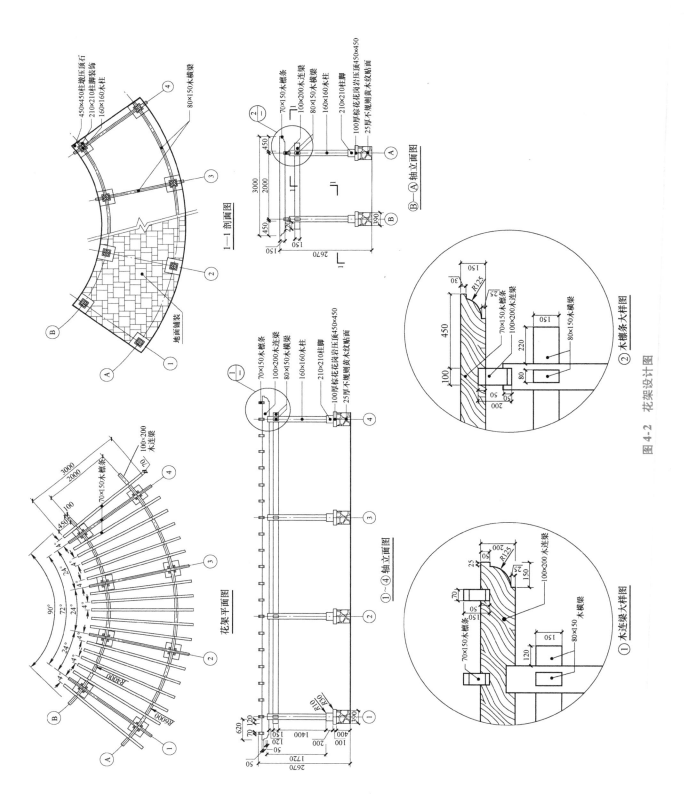

图 4-2 花架设计图

项目实施

先将图形绘制的图层建立好，包含"定位轴线""图线""填充""标注""文字"等图层。设置好各项参数，如图4-3所示，其中定位轴线的线型选择点画线。在相应的图层上按照步骤完成图形的绘制。

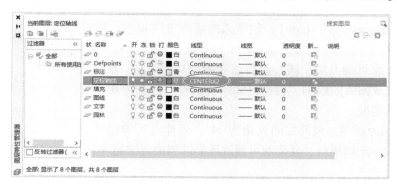

图4-3 图层设置

任务1 花架平面图的绘制

图纸分析：

弧形花架平面图主要绘制的是两道木连梁、木檩条和柱子平面（图4-4）。通过对花架设计图纸（图4-2）的识读，了解到：木连梁是弧形的，圆心角为90°，其截面为宽100mm、高200mm。木檩条的尺寸为宽70mm、高150mm、长3000mm。平面图中还可以看到连梁和檩条下面的柱子，柱子由三部分构成：不规则黄木纹贴面的柱墩，其上有长450mm、宽450mm、厚100mm的花岗石压顶；截面为长210mm、宽210mm、高200mm的柱脚，其上有截面为长160mm、宽160mm、高1720mm的木柱。在平面图中只能看到压顶石、柱脚和柱子的正方形截面。

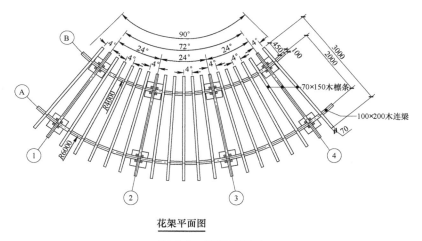

花架平面图

图4-4 花架平面图

思路分析：

使用圆弧和偏移命令可以绘制木连梁，使用矩形和阵列命令可以绘制木檩条，使用矩形命令可以绘制柱子各部分平面。先绘制两木连梁的弧形定位轴线，在定位轴线上确定木连梁的中心线，然后使中心

线分别上下偏移，端点处再用直线连接，木连梁即可绘制完成。木檩条绘制完一条之后，可以通过环形阵列命令快速旋转复制得到其余檩条。柱子的三部分也可以通过偏移得到各大小的柱截面。

一、绘制定位轴线

从花架平面图可知，A、B定位轴线为两条圆弧，半径分别为 4m 和 6m，圆心角略大于 90°。采用圆弧工具绘制，其快捷命令为"A"（arc），但圆弧的绘制方法很多，通过该工具的下拉菜单（图 4-5）可以看到一共有 11 种方法，大致分为 5 类：三点法、起点圆心法、起点端点法、圆心起点法和画相切圆弧法。满足 3 个条件就可以精确地完成圆弧的绘制。根据已知条件选择对应的方法，可以大大提高绘制圆弧的速度。

1、2、3、4 号轴线为直线，彼此之间夹角为 24°，延伸之后均相交于圆弧圆心点。绘制完成一条轴线后，其余的可通过环形阵列的方法完成。

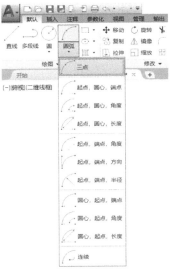

图 4-5 圆弧命令

1. 绘制 B 轴

将选择"定位轴线"图层设置为当前图层。

通过读图分析可知其半径为 4m，圆心角拟定为 100°，结合圆弧的画法，可提炼出 3 个绘图条件：起点——在绘图区域任意位置指定，圆心——距离起点 4000，角度——圆心角为 100°。因此在"绘图"→"圆弧"下拉列表中选择"起点，圆心，角度"法开始绘制。

命令行提示："ARC 指定圆弧的起点或〔圆心（C）〕："。在绘图区域任意位置单击完成圆弧起点的指定。

命令行跳转至："ARC 指定圆弧的圆心："。将光标移动至起点右上方，并且输入 4000（图 4-6），按 <Enter> 键，完成圆心的指定。

命令行跳转至："ARC 指定夹角（按住 Ctrl 键以切换方向）："。直接输入"100"（图 4-7），按 <Enter> 键，命令结束，圆弧绘制完成。

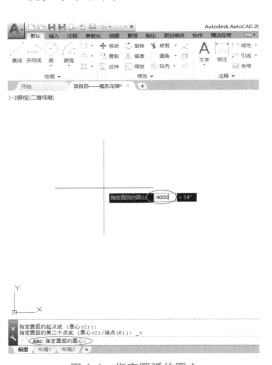

图 4-6 指定圆弧的圆心

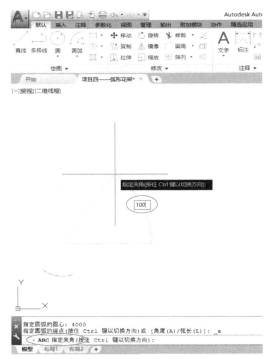

图 4-7 指定圆弧圆心角

操作说明：

　　因为 CAD 默认的绘图方向为逆时针方向，所以圆弧的绘制是从逆时针方向形成图形的。当命令行出现"ARC 指定夹角（按住 Ctrl 键以切换方向）："时，如果执行括号中的选择，则圆弧将会沿着顺时针的方向绘制形成。

圆弧绘制的具体操作步骤及命令行提示信息如下：

命令：arc（输入"A"，按 < Enter > 键）

ARC 指定圆弧的起点或 ［圆心（C）］：（在绘图区域任意位置单击）

ARC 指定圆弧的第二个点或 ［圆心（C）/端点（E）］：（输入"C"，按 < Enter > 键）

ARC 指定圆弧的圆心：（光标移动至起点右上方）（输入"4000"，按 < Enter > 键）

ARC 指定圆弧的端点（按住 Ctrl 键以切换方向）或 ［角度（A）/弦长（L）］：（输入"a"，按 < Enter > 键）

ARC 指定夹角（按住 Ctrl 键以切换方向）：（输入"100"，按 < Enter > 键）

2. 调整 B 轴的位置

　　B 定位轴线虽然已经绘制出来，但是位置和方向并非最佳，如图 4-8 所示，需要将其两个端点的高度调整在同一水平线上。

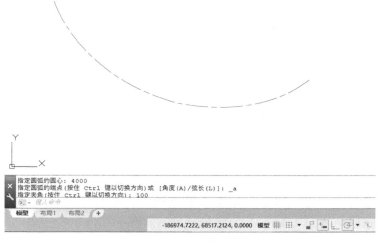

图 4-8　B 定位轴线绘制结果

（1）绘制辅助线　从圆弧左侧端点开始水平向右绘制一条直线，效果如图4-9所示。

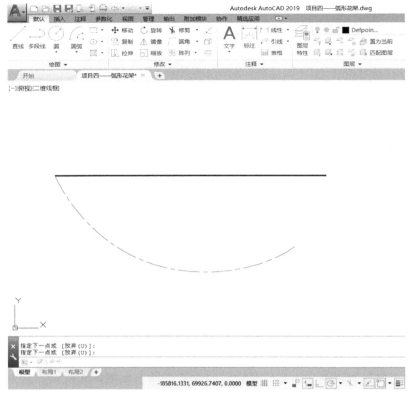

图4-9　绘制辅助线结果

（2）旋转弧线　输入旋转的快捷命令"RO"（ROTATE），按＜Enter＞键，或者在"修改"工具栏中选择"旋转"工具，如图4-10所示。

命令行提示："ROTATE 选择对象："，选择弧线，按＜Enter＞键。

命令行跳转至："ROTATE 指定基点："，借助对象捕捉的端点功能，在圆弧左侧端点位置单击。

命令行跳转至："ROTATE 指定旋转角度，或［复制（C）　参照（R）］＜0＞："，因旋转的角度未知，故采用参照的方法完成：输入"R"，按＜Enter＞键。

命令行跳转至："ROTATE 指定参照角＜0＞："，参照角的度数仍然未知，则通过指定端点的方法完成。对象捕捉圆弧左端点，单击，命令行提示："指定第二点："，再捕捉圆弧右端点，如图4-11所示，然后单击。

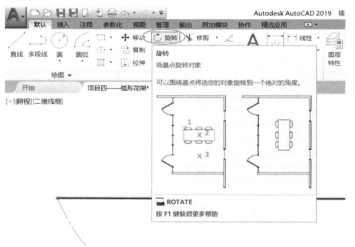

图4-10　旋转工具

命令行跳转至："ROTATE 指定新角度或［点（P）］＜0＞："，新角度的具体度数未知，但可以通过光标对象捕捉至需要的位置：移动光标至水平直线上，捕捉直线右端点，如图4-12所示，单击，命令结束，旋转完成。

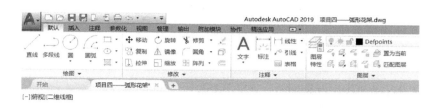

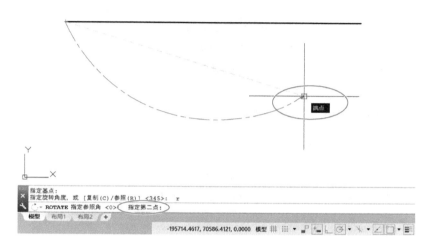

图 4-11 指定旋转参照角

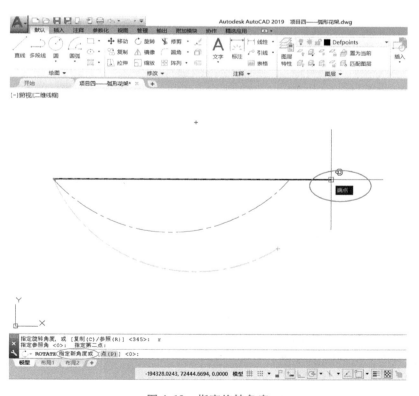

图 4-12 指定旋转角度

旋转圆弧操作的具体步骤及命令行提示信息如下：

命令：RO（输入"RO"，按＜Enter＞键）

ROTATE

UCS 当前的正角方向：ANGDIR＝逆时针　ANGBASE＝0

ROTATE 选择对象：（用光标选择圆弧）找到 1 个

ROTATE 选择对象：（按＜Enter＞键）

ROTATE 指定基点：（对象捕捉圆弧左端点，单击）

ROTATE 指定旋转角度，或［复制（C）/参照（R）］＜0＞：（输入"R"，按＜Enter＞键）

ROTATE 指定参照角＜0＞：（对象捕捉圆弧左端点，单击）

ROTATE 指定参照角＜0＞：指定第二点：（对象捕捉圆弧右端点，单击）

ROTATE 指定新角度或［点（P）］＜0＞：（对象捕捉直线右端点，单击）

（3）删除辅助线　选中第（1）步绘制的辅助线，按＜Delete＞键删除。

3. 绘制 A 轴

从花架平面图可知，A、B 定位轴线之间的距离为 2000。通过分析可以用偏移命令，将偏移距离设置为 2000，向 B 轴下方执行偏移，快速完成 A 轴的绘制，如图 4-13 所示。

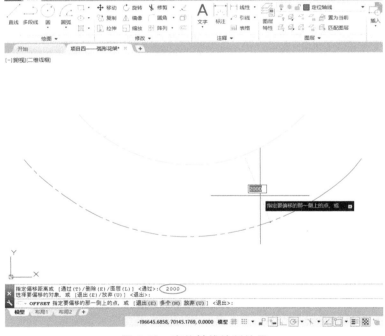

图 4-13　定位轴线绘制结果

偏移操作的具体步骤及命令行提示信息如下：

命令：O（输入"O"，按＜Enter＞键）

OFFSET

当前设置：删除源＝否图层＝源　OFFSETGAPTYPE＝0

OFFSET 指定偏移距离或［通过（T）/删除（E）/图层（L）］＜通过＞：（输入"2000"，按
＜Enter＞键）

OFFSET 选择要偏移的对象，或［退出（E）/放弃（U）］＜退出＞：（选择已知的圆弧）

OFFSET 指定要偏移的那一侧上的点，或［退出（E）/多个（M）/放弃（U）］＜退出＞：（在已
知圆弧下方单击）

OFFSET 选择要偏移的对象，或［退出（E）/放弃（U）］＜退出＞：（按＜Enter＞键）

4. 绘制 4 号定位轴线

（1）绘制辅助线　勾选对象捕捉的"象限点"，打开对象捕捉功能（按＜F3＞键）和对象捕捉追踪
功能（按＜F11＞键），如图 4-14 所示，绘制一条通过圆弧最低处象限点的垂直直线，如图 4-15 所示。

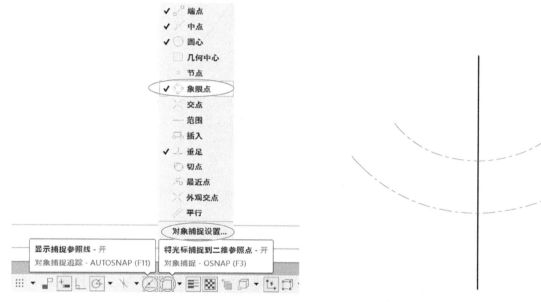

图 4-14　打开对象捕捉辅助功能　　　　　　　　图 4-15　绘制辅助线效果

（2）调整辅助线位置　通过花架平面图可知，4 号轴线和辅助线之间的夹角为 36°，可用旋转命令
确定 4 号轴线的位置。

输入旋转快捷命令"RO"，按＜Enter＞键，选择直线为旋转对象，单击圆弧圆心指定基点，指定旋
转角度为 36，得到如图 4-16 所示结果。

该旋转命令的具体操作步骤及命令行提示信息如下：

命令：RO（输入"RO"，按＜Enter＞键）

ROTATE

UCS 当前的正角方向：ANGDIR = 逆时针　　ANGBASE = 0

ROTATE 选择对象：（用光标选择直线）找到 1 个

ROTATE 选择对象：（按＜Enter＞键）

ROTATE 指定基点：（对象捕捉圆弧圆心，单击）

ROTATE 指定旋转角度，或［复制（C）/参照（R）］＜0＞：（输入"36"，按＜Enter＞键）

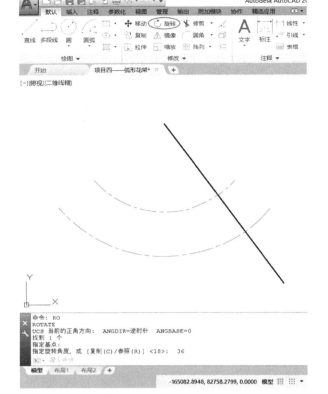

图 4-16　调整辅助线位置

（3）绘制 4 号定位轴线并删除辅助线　借助对象捕捉功能，在辅助线上绘制一条直线，删除辅助线，结果如图 4-17 所示。

5. 绘制 1、2、3 号定位轴线

1、2、3 号定位轴线可以用上述的方法绘制，但速度太慢，用环形阵列的方法可快速绘制完成 3 条轴线。

输入阵列的快捷命令"AR"，按 < Enter > 键，选择 4 号轴线为阵列对象，选择"极轴"为阵列

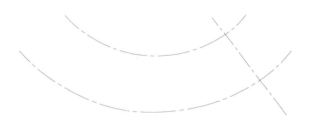

图 4-17　绘制 4 号定位轴线结果

类型，如图 4-18 所示。指定阵列中心点时，对象捕捉圆弧圆心点，单击。菜单栏下方弹出"阵列创建"面板，如图 4-19 所示。

操作说明：
　　"极轴"阵列类型和在"阵列"工具栏下拉菜单中选择的"环形阵列"是相同的命令。

将"阵列创建"面板中的参数进行修改："项目数"改为"4"，"介于"值为"24"，单击"方向"按钮，如图 4-20 所示。按 < Enter > 键或关闭阵列，环形阵列完成，4 条轴线的绘制结果如图 4-21 所示。

二、绘制木连梁

弧形木连梁的截面宽 100，高 200，在平面图中表现的是其长度和宽度。定位轴线在连梁中线位置，

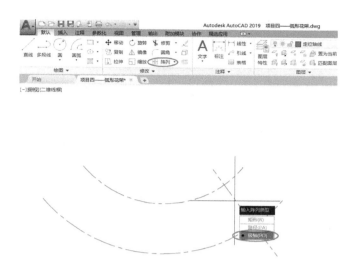

图 4-18　环形阵列

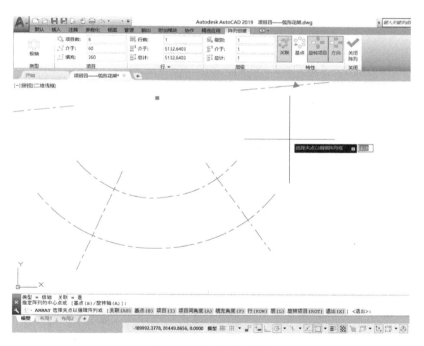

图 4-19　阵列创建面板

使用偏移工具，将轴线偏移连梁半宽值，再用直线工具封闭其两端即可完成绘制。

选择"图线"图层作为当前图层。

1. 绘制木连梁弧线边

输入偏移的快捷命令"O"，按 < Enter > 键，设置偏移距离为"50"，选择 A 定位轴线，在其下方单击偏移，再选择 A 轴线，向上偏移；同理在 B 定位轴线上下两侧分别偏移出对象。

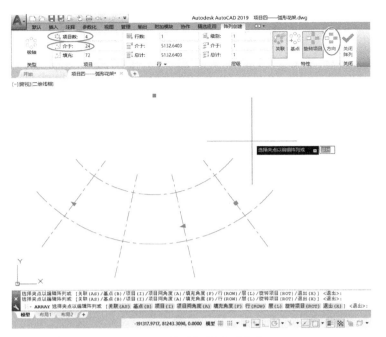

图 4-20　修改极轴阵列参数

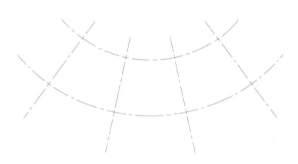

图 4-21　定位轴线绘制结果

2. 设置图层

选中偏移出来的 4 条线，在"图层"工具栏中选择"图线"，如图 4-22 所示。

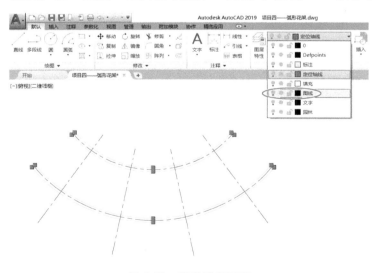

图 4-22　调整线条图层

3. 绘制木连梁两端边线

（1）绘制直线　在 1、4 轴线上分别绘制两直线，如图 4-23 所示。

从花架平面图可知，木连梁的圆心角为 90°，其左端边线与 1 号轴线的夹角为 9°，右端边线与 4 号轴线的夹角为 9°。需要将两直线旋转至对应的位置：将两直线以弧线圆心为旋转基点，分别向外旋转 9°。旋转角度输入时，1 号轴线上的直线输入"－9"，4 号轴线上的直线输入"9"。旋转结果如图 4-24 所示。

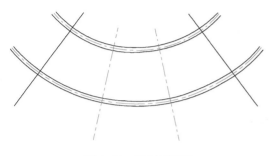

图 4-23　绘制两直线

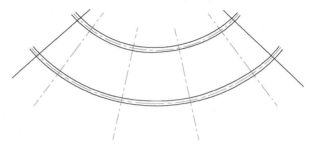

图 4-24　旋转直线效果

（2）修剪直线　木连梁宽 100mm，平面图中其两端边线只应保留 100 的长度，且和弧线端点相连。将两木连梁中间段及两头的多余直线部分剪掉，需要修剪命令完成。

输入修剪快捷命令"TR"，按 <Enter> 键，选择连梁的 4 条圆弧边和两直线为修剪边界，将多余部分一段一段剪掉，直至全部修剪完后按 <Enter> 键，结束操作，结果如图 4-25 所示。

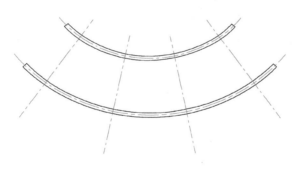

图 4-25　修剪连梁上多余线条

该修剪步骤具体操作及命令行提示信息如下：

命令：TR（输入"TR"，按 <Enter> 键）

当前设置：投影 = UCS，边 = 延伸

选择剪切边 …

TRIM 选择对象或 <全部选择>：（移动光标至圆弧上单击）找到 1 个

TRIM 选择对象：（移动光标至另一圆弧上单击）找到 1 个，总计 2 个

TRIM 选择对象：（移动光标至第三条圆弧上单击）找到 1 个，总计 3 个

TRIM 选择对象：（移动光标至第四条圆弧上单击）找到 1 个，总计 4 个

TRIM 选择对象：（移动光标至左直线上单击）找到 1 个，总计 5 个

TRIM 选择对象：（移动光标至右直线上单击）找到 1 个，总计 6 个

TRIM 选择对象：（按＜Enter＞键）
选择要修剪的对象，或按住 Shift 键选择要延伸的对象，或
TRIM［栏选（F）/窗交（C）/投影（P）/边（E）/删除（R）/放弃（U）］：（移动光标至需要修剪掉的圆弧线段或直线段上单击）
选择要修剪的对象，或按住 Shift 键选择要延伸的对象，或
TRIM［栏选（F）/窗交（C）/投影（P）/边（E）/删除（R）/放弃（U）］：
……（操作同上，直至全部多余线段都删除）
选择要修剪的对象，或按住 Shift 键选择要延伸的对象，或
TRIM［栏选（F）/窗交（C）/投影（P）/边（E）/删除（R）/放弃（U）］：（按＜Enter＞键）

三、绘制木檩条

花架平面图（图 4-4）显示，木檩条宽 70mm，长 3000mm。下面绘制 1 根檩条，然后用环形阵列的命令完成其余 21 根的绘制。

1. 绘制木檩条

在 1 号定位轴线上绘制长为 3000 的直线。移动该直线调整其位置，使其两端点分别距离连梁弧线边 450，如图 4-26 所示。

使用偏移命令，偏移距离设置为"35"，将直线向左右两边分别偏移出新直线。

用直线命令将檩条两端封闭。

将中间的直线删掉，绘制结果如图 4-27 所示。

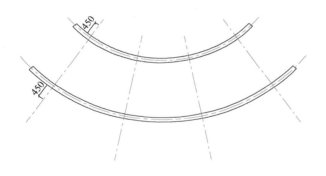

图 4-26　绘制直线并调整位置

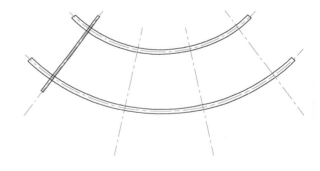

图 4-27　单根檩条绘制结果

2. 绘制全部檩条

将第一根檩条环形阵列 21 根可快速完成全部檩条的绘制。

从花架平面图（图 4-4）中可知，相邻两檩条之间夹角为 4°，最边缘两根檩条之间夹角为 80°。

选择环形阵列命令，分别点选第一根檩条的 4 条边为阵列对象，以圆弧的圆心为阵列中心，设置如图 4-28 所示的"阵列创建"面板上的参数，其中"项目数"为"21"，"介于"值为"4"，"填充"为"80"。

3. 调整檩条位置

通过环形阵列行成全部檩条之后，旋转排列的位置靠右，需要向左旋转 4°。

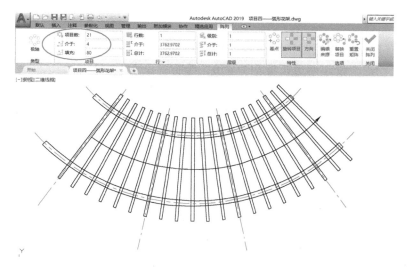

图 4-28　环形阵列完成全部檩条

执行旋转操作，以阵列中心（即圆弧圆心）为旋转基点，旋转角度输入"－4"，结果如图 4-29 所示。

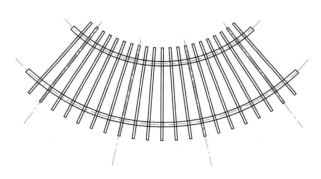

图 4-29　檩条位置调整结果

说明：

　　旋转檩条的具体操作及命令行提示信息如下：

　　命令：RO（输入"RO"，按＜Enter＞键）

　　ROTATE

　　UCS 当前的正角方向：ANGDIR ＝逆时针　ANGBASE ＝0

　　选择对象：（移动光标至檩条上单击左键）　找到 1 个

　　选择对象：（按＜Enter＞键）

　　指定基点：（移动光标从弧形梁上划过，出现圆心标识，捕捉，单击左键）

　　指定旋转角度，或［复制（C）/参照（R）］＜36＞：（输入"－4"，按＜Enter＞键）

四、绘制柱子平面

　　花架平面图中还需要画出柱子 160×160 的平面、210×210 的柱脚平面、450×450 的花岗石压顶平面，3 部分图形均为正方形。

1. 绘制压顶石平面

（1）绘制正方形　输入矩形绘制快捷命令"REC"，按＜Enter＞键，在任意位置指定第一角点，然后使用"尺寸"参数"R"，设定两边长度均为450，绘制一正方形。

（2）绘制辅助线　使用直线工具，绘制一条直线连接正方形上下两条边中点。

（3）调整矩形位置　使用移动工具移动正方形和直线。指定基点时选择直线的中点，指定第二点（移动的目标点）时选择1轴和B轴线的交点（此步操作需要借助对象捕捉功能中的中点和交点），如图4-30所示。

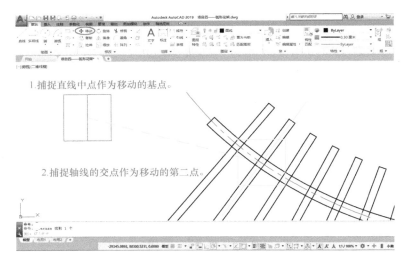

图 4-30　移动矩形位置

旋转正方形方向。输入旋转快捷命令"RO"，按＜Enter＞键。选择正方形为旋转对象，指定基点时捕捉辅助线中点（即1轴和B轴线交点），采用"参照（R）"方式旋转，指定角度时分别选择辅助线中点和辅助线线上端点，指定新角度时捕捉圆弧圆心点，命令结束，再执行删除命令删除辅助直线。操作结果如图4-31所示。

> 旋转正方形操作的具体步骤和命令行提示信息如下：
> 命令：RO（输入"RO"，按＜Enter＞键）
> ROTATE
> UCS 当前的正角方向：ANGDIR＝逆时针　ANGBASE＝0
> ROTATE 选择对象：（用光标选择正方形）找到1个
> ROTATE 选择对象：（按＜Enter＞键）
> ROTATE 指定基点：（对象捕捉直线中点，单击）
> ROTATE 指定旋转角度，或［复制（C）/参照（R）］＜0＞：（输入"R"，按＜Enter＞键）
> ROTATE 指定参照角＜0＞：（对象捕捉直线中点，单击）
> ROTATE 指定参照角＜0＞：指定第二点：（对象捕捉直线上端点，单击）
> ROTATE 指定新角度或［点（P）］＜0＞：（对象捕捉圆弧圆心点，单击）

2. 绘制柱脚和柱身平面

柱脚和柱身平面尺寸为 210×210 和 160×160，每条边比压顶石平面短 240mm 和 290mm。使用偏移命令，分别设置偏移距离为 120 和 145，将压顶石平面矩形向内偏移，即得到柱脚和柱身。绘制结果如图 4-32 所示。

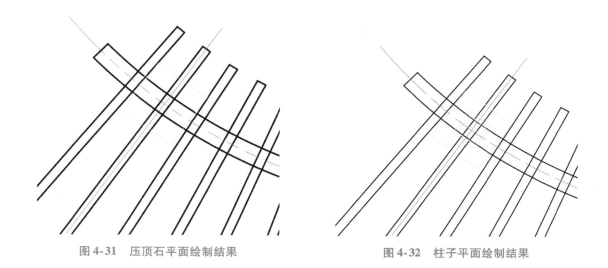

图 4-31　压顶石平面绘制结果　　　　图 4-32　柱子平面绘制结果

3. 绘制全部柱子

（1）绘制 1 轴和 A 轴线交点处的柱子　因该处的柱子和 1 轴和 B 轴线处的柱子完全相同，直接复制即可得到。

输入复制的快捷命令"CO"，按 < Enter > 键，选择 3 个正方形为复制对象，指定基点时对象捕捉 1 轴和 B 轴线交点，指定第二点时捕捉 1 轴和 A 轴线交点，如图 4-33 所示，按 < Enter > 键结束命令。

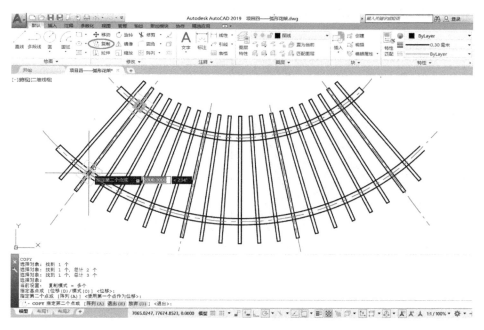

图 4-33　复制柱子

（2）完成轴线交点处其他柱子　其他各处的柱子可通过环形阵列完成。

执行环形阵列命令，选择两处柱子（1 轴与 B 轴线交点和 1 轴与 A 轴线交点处，共计 6 个对象），指定阵列中心时捕捉圆弧圆心点，参数设置如图 4-34 所示："项目数"为"4"，"介于"值为"24"，"填

充"值为"72"。

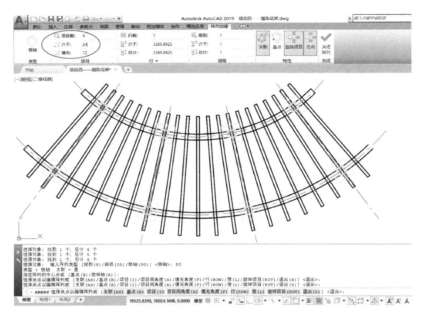

图 4-34　阵列柱子参数设置效果

五、细节编辑

花架在高度方向上，压顶石下是混凝土柱墩，压顶石上是柱脚，柱身位于柱脚上，连梁架于柱子上，连梁上面又安置檩条。因此，在平面图中，檩条挡住了部分连梁，连梁又遮挡住了部分柱子，故需要删除被挡住的构件图线，表现出空间关系，执行修剪命令可完成此操作。图线修剪前后的对比如图 4-35 所示。

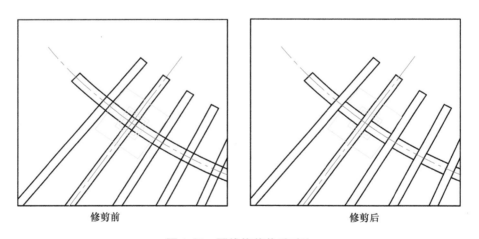

修剪前　　　　　　　　　　　　　修剪后

图 4-35　图线修剪前后对比

1. 分解对象

因阵列被创建为整体对象的图形无法进行修剪，如 21 根檩条和 8 组柱子，需要全部解散为单个对象，此时使用分解命令。

命令行输入分解的快捷命令"X"，按＜Enter＞键，或在"修改"工具栏中选择"分解"工具（图 4-36），启动命令。

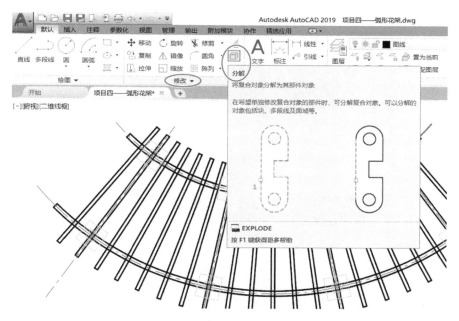

图 4-36　分解工具

命令行提示："EXPLODE 选择对象:"，用光标分别选择檩条和柱子总计 2 个分解对象，按 <Enter> 键，结束命令。

分解操作具体步骤及命令行提示信息如下：

命令：X（输入"X"，按 <Enter> 键）

EXPLODE

EXPLODE 选择对象：（移动光标在檩条上单击）找到 1 个

EXPLODE 选择对象：（移动光标在柱子上单击）找到 1 个，总计 2 个（按 <Enter> 键）

2. 修剪多余线条

输入修剪的快捷命令"TR"，按 <Enter> 键。选择修剪边时可按需选择也可直接按 <Enter> 键，逐一仔细修剪掉不需要的线条。若操作中不小心误删了应保留的线条，可通过参数"放弃（U）"返回至上一步骤。

知识点说明：

选择修剪边时直接按 <Enter> 键，即默认绘图界面中全部图线均被选作为修剪边。

提醒：

进行此步操作时一定要逐段修剪，细心操作。某些线段还需要配合删除操作共同完成。

花架平面图绘制完成，效果如图 4-37 所示。

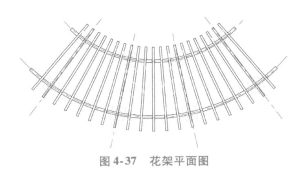

图 4-37 花架平面图

任务 2 花架立面图的绘制

图纸分析：

花架立面图（图 4-38）将所有弧形的构件都展开进行表现，主要反映的是构件在垂直方向上的图形，需要由下往上绘制出的是柱子、横梁、连梁和檩条。通过对花架设计图纸（图 4-2）的识读，可知：柱子底部为长 390mm、宽 390mm、高 400mm 的黄木纹贴面柱墩，上有长 450mm、宽 450mm、厚 100mm 的压顶石；压顶石上是长 210mm、宽 210mm、高 200mm 的柱脚；柱脚上是长 160mm、宽 160mm、高 1720mm 的柱身；横梁截面尺寸为宽 80mm、高 150mm，它连接在柱子上部；柱身顶端有连梁，连梁截面为宽 100mm、高 150mm；连梁上架设有宽 70mm、高 150mm、长 3000mm 的檩条。

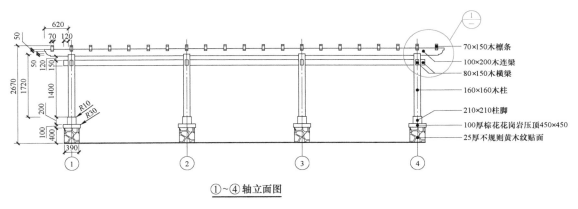

①~④轴立面图

图 4-38 花架立面图

思路分析：

花架立面图中绘制的矩形较多，其中有些矩形需进行倒圆角。阵列、复制、镜像等命令可以帮助快速完成图样。

一、绘制定位轴线

从花架平面图可知，将弧形花架展开后，1~4 号定位轴线两两相距约 2513。先绘制 1 号定位轴线，再将其他 3 条偏移出来。

1）选择"定位轴线"图层为当前图层。

2）绘制 1 号定位轴线。执行直线命令，沿 Y 轴方向绘制一条长为 3000 的直线。

3）绘制 2、3、4 号轴线。执行偏移命令，设置偏移距离为 2513，选择直线为偏移对象，向右侧单

击偏移出 2 号定位轴线。再选择 2 号轴线的直线，向
$^{\cdots}$击偏移出 3 号轴线，以此类推，偏移出 4 号定
$^{\cdots}$

$^{\cdots}$"图线"图层为当前图层，绘制一条水
$^{\cdots}$线（与 4 条定位轴线相交）作为地平线，如
图 4-39 所示。

图 4-39　绘制定位轴线及地平线

二、绘制柱子

绘制柱子分四部分完成：柱墩、压顶石、柱脚和柱身。

1. 绘制柱墩

从花架设计图中可知，柱墩为长 390mm、宽 390mm、高 400mm 的长方体，立面图中表现为 390 × 400 的矩形。

1）执行矩形命令，用"尺寸"参数设置矩形长和宽均分为 390、400，绘制矩形。

2）执行移动命令，选择正方形为对象，指定基点时捕捉正方形底边的中点，指定位移第二点时捕捉至 1 号定位轴线与地平线的交点，操作结果如图 4-40 所示。

图 4-40　移动对象

3）填充图案。从花架设计图可知，柱墩用黄木纹石进行贴面，立面图中需要将其纹理花纹表示出来，通过图案填充命令实现。

输入图案填充的快捷命令"H"（HATCH），按 < Enter > 键，或在"绘图"工具栏中选择"图案填充"工具（图 4-41），启动命令。

在菜单栏位置弹出"图案填充编辑器"面板，设置参数进行填充。

边界："拾取点"——通过在需要填充区域的中央单击完成填充区域的选择。"选择"——通过拾取对象的方法逐一确定填充区域边界。

图案：CAD 在安装时自带多种填充图案样式，可通过下来列表进行选择。

特性：可设置填充图案的颜色、图案背景的颜色、填充图案的比例和角度等。

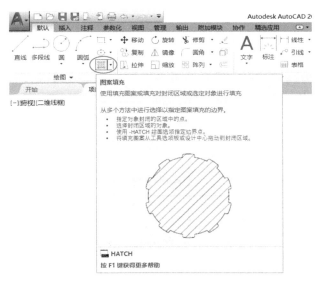

图 4-41　图案填充命令

知识点说明：

　　进行图案填充的区域必须是一闭合的区域，若不闭合则需要通过做辅助线的方式先封闭图形再进行图案的填充。

　　在"图案填充创建"面板中选择"拾取点"，在"图案"下拉列表中选择花纹石贴面效果的图案样式，移动光标至柱墩的矩形中央，单击，计算机自动识别边界，再调整好所需的比例、角度、颜色等参数，如图 4-42 所示，按 < Enter > 键，结束命令，图案填充完成。

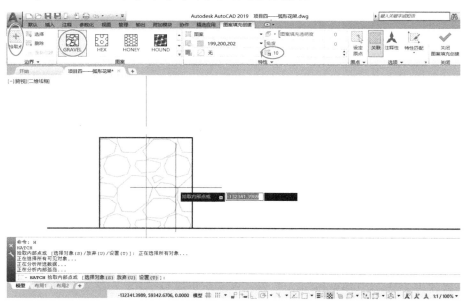

图 4-42　图案填充创建面板中的参数设置

2. 绘制压顶石

　　从花架设计图中可知，压顶石长 450mm、宽 450mm、厚 100mm，在立面图中表现为 450×100 的侧面矩形，并且上方两直角倒为圆角，圆角半径为30。

1）执行矩形命令，用"尺寸"参数设置矩形长为450、宽为100，绘制矩形。

2）执行移动命令，选择压顶石矩形为对象，指定基点时捕捉矩形底边的中点，指定位移第二点时捕捉柱墩矩形上边中点，如图4-43所示。

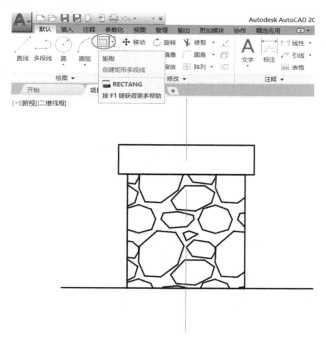

图4-43　绘制矩形压顶石

3）倒圆角。在"修改"工具栏中选择"圆角"工具，或在命令行输入圆角命令"F"，回车，激活"倒圆角"命令，如图4-44所示。

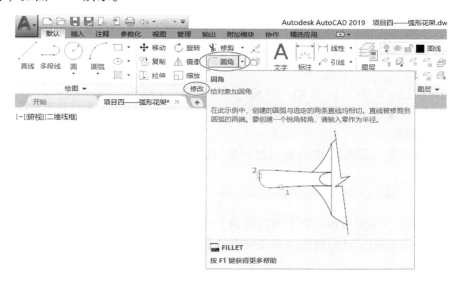

图4-44　圆角工具

命令行提示："当前设置：模式 = 修剪，半径 = 0.0000""FILLET 选择第一个对象或［放弃（U）　多段线（P）　半径（R）　修剪（T）　多个（M）］。"，应当先设置圆角半径，故选择参数"半径"，输入"R"，按 < Enter > 键。

命令行跳转至："FILLET 指定圆角半径 < 0.0000 >："，输入"30"，按 < Enter > 键。

命令行跳转至："FILLET 选择第一个对象或［放弃（U） 多段线（P） 半径（R） 修剪（T） 多个（M）］："，选择压顶石左边线。命令行跳转提示："FILLET 选择第二个对象，或按住 Shift 键选择对象以应用角点或［半径（R）］："，移动光标至压顶石上边线处单击，命令结束，倒圆角效果如图 4-45 所示。

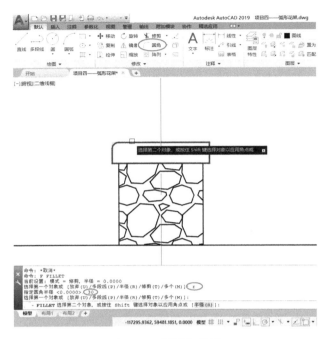

图 4-45 倒圆角效果

倒圆角具体操作步骤及命令行提示信息如下：

命令：FILLET（输入"F"，按＜Enter＞键）

当前设置：模式 ＝修剪，半径 ＝0.0000

FILLET 选择第一个对象或［放弃（U）/多段线（P）/半径（R）/修剪（T）/多个（M）］：（输入"R"，按＜Enter＞键）

FILLET 指定圆角半径＜0.0000＞：（输入"30"，按＜Enter＞键）

FILLET 选择第一个对象或［放弃（U）/多段线（P）/半径（R）/修剪（T）/多个（M）］：（用光标在压顶石左边线处单击）

FILLET 选择第二个对象，或按住 Shift 键选择对象以应用角点或［半径（R）］：（用光标在压顶石上边线处单击）

再一次执行圆角命令，编辑压顶石右上角的圆角。其操作过程参照上一步骤，但不需进行圆角半径值的设置，因为从命令行的提示状态可知当前系统默认的半径值已为 30。圆角压顶石绘制效果如图 4-46 所示。

知识点说明：

　　当执行完一次圆角命令后，系统将自动默认含有上一次的半径值，直接选择圆角的两条边即可完成操作。若圆角半径值不同，则先修改半径值，再进行两条圆角边的选择。

3. 绘制柱脚

从花架设计图中可知，柱脚为长 210mm、宽 210mm、高 200mm 的长方体，立面图中表现为 210 × 200 的侧面矩形，并且上方两直角倒为圆角，圆角半径为 10。

执行与绘制压顶石相同的步骤，先绘制矩形，然后移动位置，再倒矩形上方的两个圆角。注意圆角半径需要设置为 10。绘制结果如图 4-47 所示。

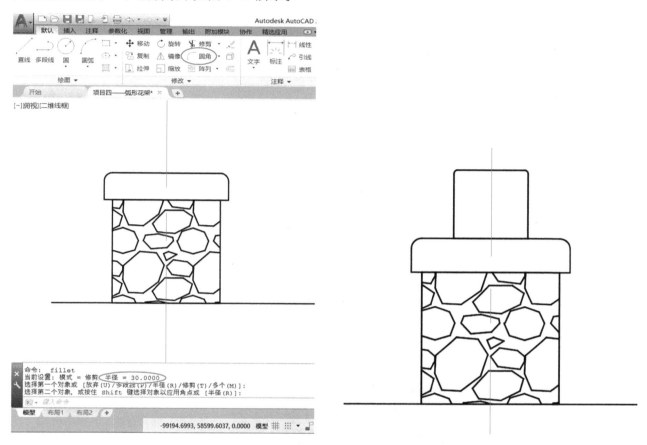

图 4-46　圆角压顶石绘制效果　　　　　　　　　　　　图 4-47　柱脚绘制结果

4. 绘制柱身

从花架设计图可知，柱身立面为 160 × 1720 的矩形。

执行矩形命令绘制该矩形，并移动调整其位置。绘制结果如图 4-48 所示。

5. 绘制 4 个柱子

其余 3 个柱子可以通过复制、镜像等操作完成。此处讲解用矩形阵列操作完成复制。

在"修改"工具栏中选择"矩形阵列"，如图 4-49 所示。

命令行提示操作："ARRAYRECT 选择对象:"，选择柱墩、压顶石、柱脚和柱身，按 < Enter > 键。

在菜单栏位置弹出"阵列创建"面板，设置相关参数值。"列数"为"4"，"行数"为"1"，"介于"值可直接输入也可用鼠标拖曳指定值。具体操作：单击如图 4-50 所示的蓝色中间控制夹点，向右移动至 2 号定位轴线位置的垂足点进行对象捕捉，单击，介于值自动测算并设置成功，对应的填充值也自动修改好。其他参数均采用默认值。按 < Enter > 键，结束阵列命令，完成全部柱子的绘制，效果如图 4-51 所示。

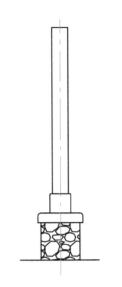

图 4-48　柱身绘制效果

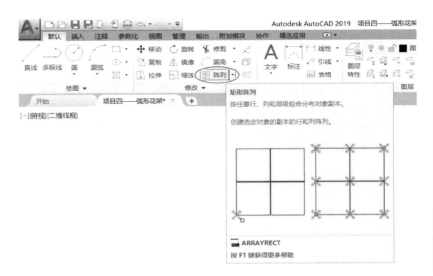

图 4-49　矩形阵列工具

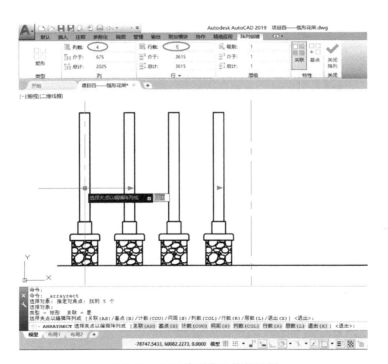

图 4-50　矩形阵列介于值的设置

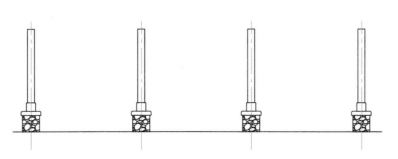

图 4-51　柱子绘制结果

三、绘制木横梁

从花架设计图可知，在柱子与柱子之间有横梁连接，沿 *A*、*B* 定位轴线方向是弧形长横梁，沿 1 ~ 4 号定位轴线方向是短的直梁，两种梁的截面尺寸相同，都是 80mm 宽、150mm 高。

绘制 1 ~ 4 号轴线上的木横梁，步骤如下：

（1）绘制一个短横梁　沿 1 号轴线方向的短木横梁在展开立面图中可见其 80×150 的截面，故绘制该尺寸矩形。

（2）调整矩形位置　该短横梁截面矩形位于距柱身顶部往下 170 的地方，居中。执行移动命令，先将矩形移动至柱子顶边居中位置（见图 4-52 的左图），再执行移动命令将该矩形往下移动 170。移动结果如图 4-52 的右图所示。

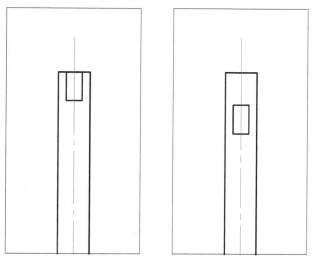

图 4-52　移动横梁矩形位置

（3）矩形阵列 4 个短横梁　选择短横梁截面矩形，执行矩形阵列命令，具体操作步骤参考 4 个柱子的阵列过程。绘制结果如图 4-53 所示。

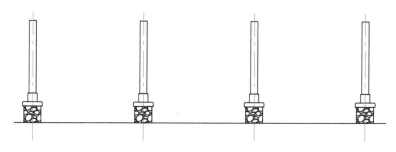

图 4-53　绘制短横梁结果

四、绘制长横梁

弧形的长横梁在展开立面图中为矩形，其高为 150，两端伸出柱身 120。

1）绘制矩形，移动调整其位置。

2）在立面图中，因 1、2、3、4 号柱子遮挡住部分长横梁，故需要使用修剪工具将遮挡部分的线条剪掉。长横梁绘制结果如图 4-54 所示。

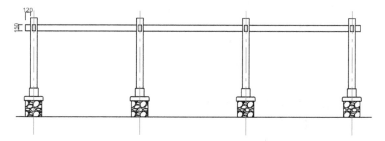

图 4-54　长横梁绘制结果

五、绘制木连梁

弧形木连梁在展开立面图中为矩形，其高为 200，有 50 嵌入柱子顶部。连梁两端伸出柱身 620，且

做了弧形造型。

1. 绘制矩形，移动调整其位置

绘制效果如图 4-55 所示。

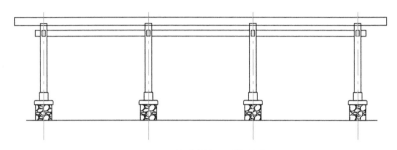

图 4-55　木连梁矩形绘制效果

2. 修剪

在立面图中，因 1、2、3、4 号柱子遮挡住部分连梁，故需要使用修剪工具将遮挡部分的线条剪掉。

3. 做连梁两端造型细节

从木连梁索引图及 1 号大样图（图 4-2）可知，连梁两端的中部做了半径为 125 的圆弧造型。

1）先在连梁右端绘制如图 4-56 所示的两短直线。

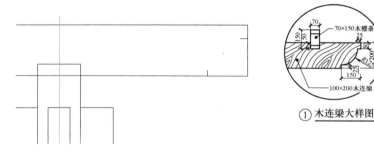

图 4-56　绘制造型短线

2）再执行圆弧命令，选择"起点、端点、半径"的方法，绘制圆弧段。其中起点捕捉下方垂直短横线上端点，端点捕捉上方水平短横线的左端点，半径值输入 125。绘制结果如图 4-57 中的上图所示。

3）执行分解命令（输入"X"，按 < Enter > 键），将木连梁矩形分解为 4 个直线对象。执行修剪命令，删除端部多余的线段，完成后效果如图 4-57 中的下图所示。

4）绘制连梁左端造型细节。左端造型细节可参照上述步骤进行，也可以用镜像命令直接镜像复制。

执行镜像命令（输入"MI"，按 < Enter > 键），选择右侧造型的三段蓝色线段，按 < Enter > 键，指定镜像线第一点时对象捕捉连梁上边线的中点，指定镜像线第二点时对象捕捉至连梁下边线的垂足。

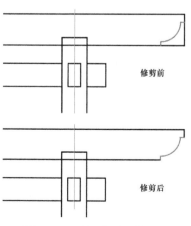

图 4-57　弧线造型细节绘制

镜像操作具体步骤和命令行提示信息如下：

命令：MI（输入"MI"，按＜Enter＞键）

MIRROR

MIRROR 选择对象：（选择右端三段红色造型线条）找到 3 个

MIRROR 选择对象：（按＜Enter＞键）指定镜像线的第一点：（对象捕捉连梁上边线的中点）

MIRROR 指定镜像线的第二点：（对象捕捉连梁下边线上的中线垂足点）

MIRROR 要删除源对象吗？［是（Y）/否（N）］＜否＞：按＜Enter＞键

5）因连梁嵌入柱子50，所以在正立面图中柱子遮挡了部分连梁下边线，需要执行修剪命令将多余的线段剪掉。

木连梁绘制结果如图4-58所示。

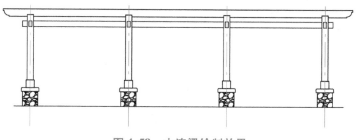

图 4-58　木连梁绘制效果

六、绘制木檩条

木檩条在弧形花架展开正立面图中表现为70×150的矩形截面。从木檩条大样图（图4-2）中可知其端部也做了弧线造型细节，故需要在矩形内部描述出造型线条立面投影效果。檩条嵌入连梁50mm，左右端最后一根檩条距离连梁边缘约300mm。需要绘制1根檩条，然后用矩形阵列的命令完成其余21根。

1）绘制木檩条。绘制长70、宽150的矩形，根据檩条大样图所示，将造型线条在正立面图中的投影线条绘制出来。

2）移动檩条截面图形位置，使其距离连梁左端300。

3）执行矩形阵列命令，将全部21条檩条阵列出来。

4）在正立面图中檩条遮挡了部分连梁上边线，需要执行修剪命令将多余的线段剪掉。

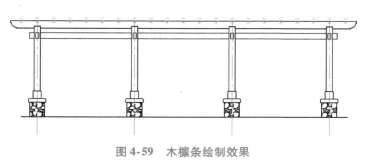

图 4-59　木檩条绘制效果

木檩条绘制效果如图4-59所示。

任务 3　花架 1—1 剖面图的绘制

图纸分析：

从花架设计图的 $B \sim A$ 轴立面图中可知，接近花架的柱子顶端和柱子中部偏下的部位做了一个转折剖切（阶梯剖），绘制了1—1剖面图（图4-60）。在1—1剖切面先沿着水平面在花架柱顶部位将花架剖

开，剖切面仅剖到柱子，未剖到檩条和连梁；然后剖切面转折，第二个面剖到了柱子中部偏下的部位，从上往下观察，柱身、横梁、柱腿、压顶石可见，其中柱身绘制的是其剖断面。花架 1—1 剖面图主要表达柱顶端的连梁与柱子的关系，以及地面的铺装和柱子的正投影。图 1—1 剖面是转折剖面（阶梯剖面），在 1—1 剖面图中表现了被剖的两个面的内容，每一剖面绘制一半内容，图纸采用简化画法，在中间用折断线符号表示，符号左侧表现的是地面铺装和柱子，符号右侧表现的是连梁与柱。

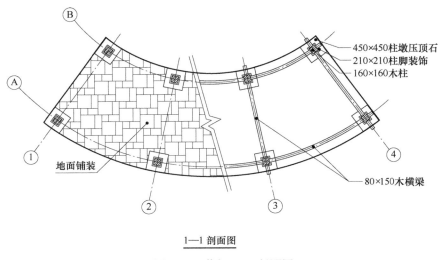

1—1 剖面图

图 4-60　花架 1—1 剖面图

思路分析：

花架剖面图与平面图有许多内容都相同或相似，可通过复制命令快速得到如定位轴线和柱子等图形。在此基础上根据内容的需要再进行补充即可快速完成图样。

一、绘制定位轴线

从花架平面图中复制定位轴线和柱子。

1. 选择对象

在花架平面图中选取图 4-61 中显示为蓝色的图线：1、2、3、4、A、B 定位轴线和 8 个轴线交叉点处的柱子（包括压顶石、柱脚、柱身）。

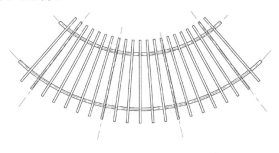

图 4-61　选取需要复制的对象

2. 复制

输入复制的快捷命令 "CO"，按 < Enter > 键，在任意位置指定为基点，在空白区域指定第二点，如图 4-62 所示，按 < Enter > 键，结束命令，完成操作。

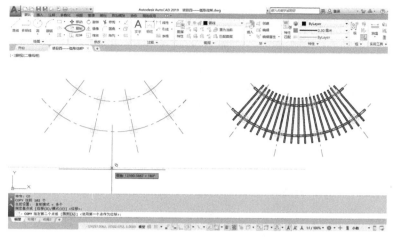

图 4-62　复制定位轴线和柱子

该步复制对象的具体操作步骤及命令行提示信息如下：

命令：CO（输入"CO"，按 < Enter > 键）

COPY 找到 102 个

当前设置：复制模式 = 多个

COPY 指定基点或 ［位移（D)/模式（O）］ ＜位移＞：（任意位置单击）

COPY 指定第二个点或 ［阵列（A）]＜使用第一个点作为位移＞：（在空白区域任意位置单击，按 < Enter > 键）

二、绘制柱子

在平面图中因檩条、连梁遮挡了柱子部分位置，故复制形成的柱子图形被打断为若干不连续的线条，如图 4-63 所示，需要重新将柱子用图线绘制完整。使用多段线命令，利用对象捕捉柱子直角端点，将原图描画形成所需图形。

1. 绘制压顶石四边形

输入多段线快捷命令"PL"，按 < Enter > 键，利用对象捕捉功能中的端点，在指定点时在矩形角点上单击，直至图形封闭，按 < Enter > 键，结束命令。

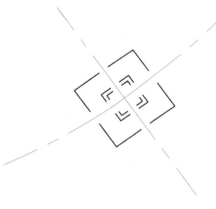

图 4-63　被打断的柱子图形线条

使用多段线工具绘制柱子的具体操作步骤及命令行提示信息如下：

命令：PL（输入"PL"，按 < Enter > 键）

PLINE

指定起点：（对象捕捉矩形某角点）

当前线宽为 0.0000

PLINE 指定下一个点或 ［圆弧 （A）/半宽 （H）/长度 （L）/放弃 （U）/宽度 （W）］：（对象捕捉矩形第二个角点）

PLINE 指定下一点或 ［圆弧 （A）/闭合 （C）/半宽 （H）/长度 （L）/放弃 （U）/宽度 （W）］：（对象捕捉矩形第三个角点）

PLINE 指定下一点或 ［圆弧 （A）/闭合 （C）/半宽 （H）/长度 （L）/放弃 （U）/宽度 （W）］：（对象捕捉矩形第四个角点）

PLINE 指定下一点或 ［圆弧 （A）/闭合 （C）/半宽 （H）/长度 （L）/放弃 （U）/宽度 （W）］：（输入 "C"，按 < Enter > 键）

相关操作说明：

该步操作中绘制柱子选用多段线工具完成的图形为一个整体对象，为后面的操作提供了方便。若采用直线工具也可完成，但形成的图形是 4 个对象，当后面执行某命令选择对象时需要选择四者，会加大了工作量，减慢作图速度。

2. 绘制柱脚和柱子

1）使用偏移命令，因柱脚和柱身平面尺寸为 210×210 和 160×160，每条边比压顶石平面短 240 和 290，故分别设置偏移距离为 120 和 145，将压顶石平面矩形向内偏移，得到柱脚和柱身。

该步操作也可使用多段线工具，重复第 1 步的步骤完成图形绘制。

2）绘制 1 轴与 A 轴线交点处的柱子。因该处的柱子和 1 轴与 B 轴交点处的柱子完全相同，直接复制即可得到。

输入复制的快捷命令 "CO"，按 < Enter > 键，选择 3 个正方形为复制对象，指定基点时对象捕捉 1 轴与 B 轴线交点，指定第二点时捕捉 1 轴与 A 轴线交点，按 < Enter > 键结束命令。

3）完成轴线交点处其他柱子。其他各处的柱子可通过环形阵列完成。

执行环形阵列命令，选择两处柱子（1 轴与 B 轴线交点和 1 轴与 A 轴线交点处，共计 6 个对象），指定阵列中心时捕捉圆弧圆心点。参数设置：项目数为 4，介于值为 24，填充值为 72。

3. 删除多余线条

将图形中重复的多余线条删除，最终结果如图 4-64 所示。

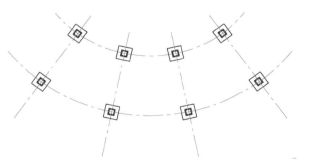

图 4-64　定位轴线和柱子图形

三、绘制木横梁

从花架设计图可知，在柱子与柱子之间有横梁连接，沿 A、B 定位轴线方向是弧形长横梁，沿 1～4 号定位轴线方向是短的直梁，两种梁的截面尺寸相同，都是 80mm 宽、150mm 高。

1. 绘制长横梁

弧形的长横梁其截面宽度为 150，两端伸出柱身 120。

选择偏移命令，将 *A*、*B* 两条定位轴线分别向其上下偏移形成长横梁图形边线。

执行偏移命令"O"，按 <Enter> 键，设置偏移距离 75，按 <Enter> 键。选择 *A* 轴线为偏移对象，移动光标至 *A* 下侧单击；选择 *A* 轴线为偏移对象，移动光标至 *A* 上侧单击；选择 *B* 轴线为偏移对象，移动光标至 *B* 下侧单击；选择 *B* 轴线为偏移对象，移动光标至 *B* 上侧单击；按 <Enter> 键，结束命令。

选择偏移形成的对象，将其所属图层选择为"图线"图层，如图 4-65 所示。

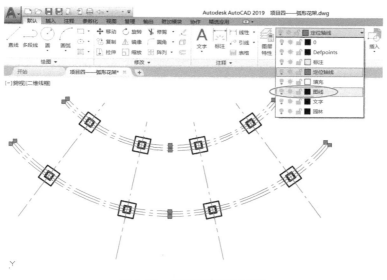

图 4-65   调整对象所属图层

2. 绘制折断线符号

由花架 1—1 剖面图所示，中间处折断线符号由两条折断线组合而成。可以用多段线或直线命令绘制两条，也可以采用多线命令一次完成。

知识点说明：

多线——由两条或两条以上直线构成的相互平行的直线，用来绘制直线段。它是一种组合图形，各条平行线之间的距离和数目可以随意设置，且这些直线可以具有不同的线型和颜色。

（1）启动多线命令   输入多线的快捷命令"ML"（MLINE），按 <Enter> 键，命令行显示当前多线的设置为"对正方式 = 上，比例 = 20.00，样式 = STANDARD"。

知识点说明：

对正方式——设置多线的基准对正位置，分为上、无、下。

上——光标对齐多线最上方（偏移值最大）的平行线。

无——光标对齐多线的 0 偏移位置。

下——光标对齐多线最下方（偏移值最小）的平行线。

比例——控制平行线间距大小。

样式——多线样式名，默认是 STANDARD。

（2）多线设置　在进行多线绘制之前需要重新设置多线。

此时命令行提示："MLINE 指定起点或［对正（J）　比例（S）　样式（ST）］:"，先输入"J"，按 <Enter> 键，设置光标跟随对象，软件默认是"上"的方式，需将光标调至两线中间进行多线的控制，则需要选择"无"的方式，如图 4-66 所示。

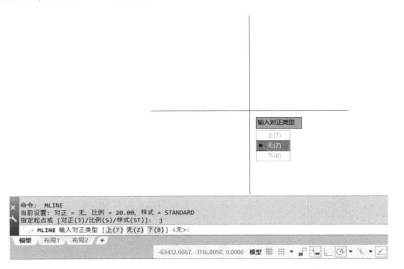

图 4-66　设置多线对正方式

命令行跳转至和上条相同的提示："MLINE 指定起点或［对正（J）　比例（S）　样式（ST）］:"，输入"S"，按 <Enter> 键，设置平行线间距大小。命令行跳转至："MLINE 输入多线比例 <20.00>:"，输入 80，按 <Enter> 键，如图 4-67 所示。

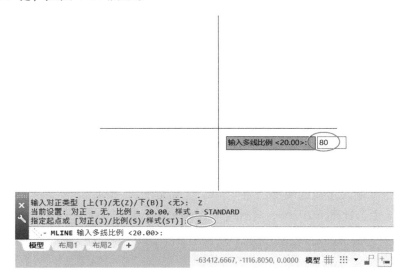

图 4-67　设置多线比例

通过以上设置，将多线样式改为：两直线之间相隔 80mm，多线绘制的直线端点在两线中间。然后像绘制直线一样绘制多线即可。

（3）绘制多线　命令行又跳转至："MLINE 指定起点或［对正（J）　比例（S）　样式（ST）］:"，直接在绘图区域任意位置单击指定起点。

打开极轴追踪辅助功能（按 <F10> 键），单击其右下角黑色小三角，选择如图 4-68 所示的极轴角度组。将光标绕起点旋转移动，至某些位置时有一条虚线，并将光标吸附在追踪线上。极轴追踪即用于控制直线角度位置。

命令行跳转至："MLINE 指定下一点："，将光标移至起点正上方，输入数据"1500"，按 < Enter > 键。

命令行跳转至："MLINE 指定下一点或［放弃（U）］:"，将光标移至左上方，当出现135°极轴提示时，如图 4-69 所示，输入"200"，按 < Enter > 键。

图 4-68　选择极轴追踪角度

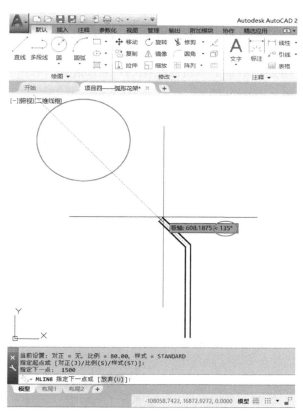

图 4-69　借助极轴绘制多线

命令行跳转至："MLINE 指定下一点或［闭合（C）　放弃（U）］:"，再将光标移至15°方向，当出现极轴追踪时，输入"300"，按 < Enter > 键。

命令行跳转至："MLINE 指定下一点或［闭合（C）　放弃（U）］:"，再将光标移至135°方向，当出现极轴追踪时，输入"200"，按 < Enter > 键，如图 4-70 所示。

命令行跳转至："MLINE 指定下一点或［闭合（C）　放弃（U）］:"，再将光标移至正上方90°方向，当出现极轴追踪时，输入"1500"，按 < Enter > 键，再按 < Enter > 键，多线命令结束，折断线绘制结果如图 4-71 所示。

绘制多线具体操作步骤及命令行提示信息如下：

命令：ML（输入"ML"，按 < Enter > 键）

当前设置：对正 = 上，比例 = 20.00，样式 = STANDARD

MLINE 指定起点或［对正（J）/比例（S）/样式（ST）］:（输入"J"，按 < Enter > 键）

MLINE 输入对正类型［上（T）/无（Z）/下（B）］< 上 >:（选择光标提示下的选项"无（Z）"）

MLINE 指定起点或［对正（J）/比例（S）/样式（ST）］:（输入"S"，按 < Enter > 键）

MLINE 输入多线比例 < 20.00 >:（输入"80"，按 < Enter > 键）

当前设置：对正＝无，比例＝80.00，样式＝STANDARD

MLINE 指定起点或［对正（J）/比例（S）/样式（ST）］：（绘图区域任意位置单击）

MLINE 指定下一点：（将光标移至起点正上方输入"1500"，按＜Enter＞键）

MLINE 指定下一点或［放弃（U）］：（光标移至135°方位出现极轴追踪提示时输入"200"，按＜Enter＞键）

MLINE 指定下一点或［闭合（C）/放弃（U）］：（光标移至15°方位出现极轴追踪时输入"300"，按＜Enter＞键）

MLINE 指定下一点或［闭合（C）/放弃（U）］：（光标移至135°方位出现极轴追踪时输入"200"，按＜Enter＞键）

MLINE 指定下一点或［闭合（C）/放弃（U）］：（光标移至90°方位出现极轴追踪时输入"1500"，按＜Enter＞键）

MLINE 指定下一点或［闭合（C）/放弃（U）］：（按＜Enter＞键）

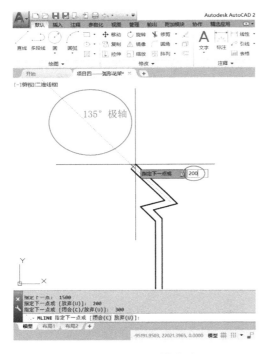

图 4-70　135°极轴追踪

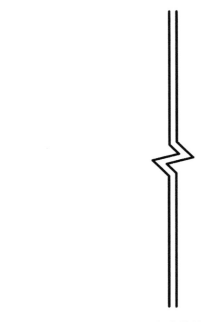

图 4-71　折断线绘制结果

（4）调整多线位置　将绘制好的折断线移动至剖面图中央，并适当旋转一定角度，调整结果如图 4-72 所示。

3. 木横梁线条细节处理

（1）绘制端部线条　沿着 4 号定位轴线上的柱身的右边线绘制如图 4-73 中蓝色线条所示的直线，再将两直线向右偏移 120，如图 4-74 所示。

（2）剪除多余线段　执行分解命令（输入"X"，按＜Enter＞键），将阵列的 4 组柱子分解为单

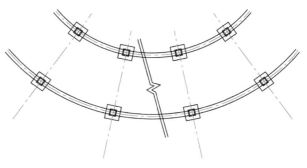

图 4-72　折断线绘制结果

个对象。

　　执行修剪命令（输入"TR"，按＜Enter＞键），选择第2步中绘制的折断线、3号及4号定位轴线上的柱子和图4-73中的蓝色短直线为修剪边，按＜Enter＞键。选择修剪对象时将光标分别移动至横梁的4条弧线右端，出现小叉符号提示时单击删除右端线段。移动光标至3号、4号定位轴线上的柱子内部，将横梁弧线删除。移动光标至折断线左侧，在4条横梁弧线分别上单击删除左侧线段，按＜Enter＞键结束命令。

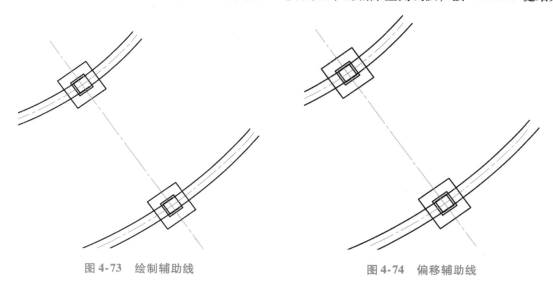

图 4-73　绘制辅助线　　　　　　　　　　　　　　图 4-74　偏移辅助线

　　再配合删除命令，完成多余线段删除。操作结果如图4-75所示。

　　（3）横梁端部线条细节处理　将图纸放大观察，可见图4-76所示的横梁端部线条未与横梁边缘线连接，应进行延伸和修剪操作将其连接上。

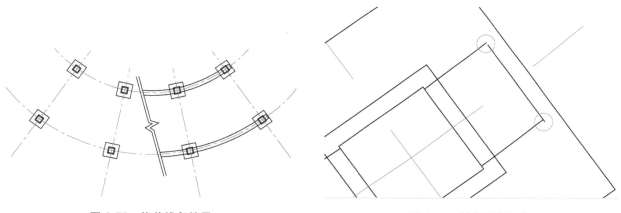

图 4-75　修剪线条结果　　　　　　　　　　　　　图 4-76　横梁端部细节

　　输入延伸操作的快捷命令"EX"（EXTEND），按＜Enter＞键，或在"修改"工具栏中"修剪"旁的黑色小三角下拉菜单中选择"延伸"工具（图4-77），启动该命令。

命令行提示："选择边界的边……EXTEND 选择对象或＜全部选择＞："。用光标选取横梁右端部如图4-78中蓝色高亮显示的3条直线，按＜Enter＞键。

　　命令行提示："EXTEND［栏选（F）　窗交（C）　投影（P）　边（E）　放弃（U）］："。移动光标至需要延伸的线条端部，如图4-79所示，单击，线条自动延伸至边界。

　　移动光标至原伸出线条的端部，如图4-80所示的位置，按住 Shift 键的同时单击，伸出的线条自动剪掉多余部分。

　　按＜Enter＞键，结束命令。重复该操作，完成所有线条的细节处理。修改之后的横梁端部如图4-81

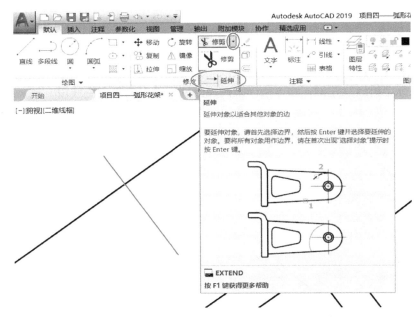

图 4-77　延伸工具

中蓝色图线所示。

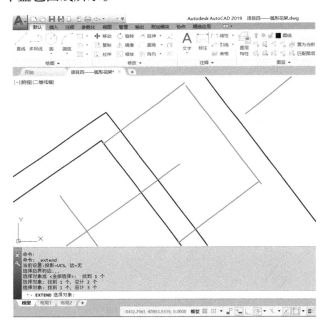

图 4-78　选择延伸边界对象

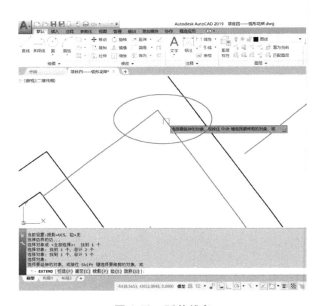

图 4-79　延伸线条

知识点说明：

　　若不能延伸或修剪线条是因为修剪的边界和待修剪的线条没有相交部分，系统默认为边界无法到控制待修剪的对象，需要进行参数的设置。在进行至上步命令之后输入边的参数"E"，按 < Enter > 键，再输入边界延伸模式的参数"E"，按 < Enter > 键，即完成设置，之后便可进行图线的延伸或修剪。

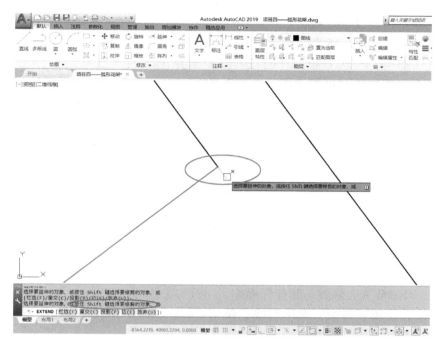

图 4-80 修剪线条

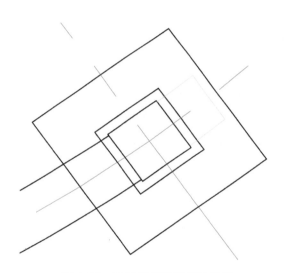

图 4-81 横梁端部图线修改效果

延伸/修剪多余线条的具体操作步骤及命令行提示信息如下：

命令：EX（输入 "EX"，按 < Enter > 键）

EXTEND

当前设置：投影 = UCS，边 = 延伸

选择边界的边…

EXTEND 选择对象或 < 全部选择 >：（在横梁右侧端部直线上单击）找到 1 个

EXTEND 选择对象：（在横梁右侧端部第二条直线上单击）找到 1 个，总计 2 个

EXTEND 选择对象：（在横梁右侧端部第三条直线上单击）找到 1 个，总计 3 个

EXTEND 选择对象：（按＜Enter＞键）

EXTEND 选择要延伸的对象，或按住 Shift 键选择要修剪的对象，或

EXTEND ［栏选（F）/窗交（C）/投影（P）/边（E）/放弃（U）］：（至需要延伸的线条端部单击）

选择要延伸的对象，或按住 Shift 键选择要修剪的对象，或

EXTEND ［栏选（F）/窗交（C）/投影（P）/边（E）/放弃（U）］：（光标移至原伸出线条的端部，按住 Shift 键的同时单击）

选择要延伸的对象，或按住 Shift 键选择要修剪的对象，或

EXTEND ［栏选（F）/窗交（C）/投影（P）/边（E）/放弃（U）］：（按＜Enter＞键）

4. 绘制 1、2、3、4 号定位轴线方向的横梁

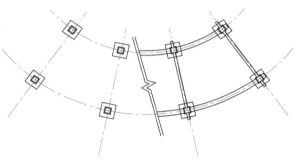

图 4-82　横梁绘制结果

此处的短横梁为直梁，根据设计图已知其为截面宽 80 的矩形，两端伸出柱身 220。使用矩形工具，并进行移动、旋转、环形阵列、修剪与延伸等操作，在 3 号、4 号轴线位置绘制短横梁。采用直线、偏移、修剪等命令，参照前面的具体操作步骤，绘制短横梁，结果如图 4-82 所示。

四、绘制地面

1. 绘制地面边界

从花架设计图可知，柱墩边线所在位置即为地面边界。

执行直线命令，将 1 号、4 号轴线位置的柱墩最外的对应角点分别连接起来，如图 4-83 所示。

执行偏移命令，将 A 和 B 定位轴线偏移至柱墩边缘，选中偏移的两条弧线并设定其图层为"图线"图层。

执行延伸/修剪命令完成地面四条边线的细节处理，结果如图 4-84 所示。

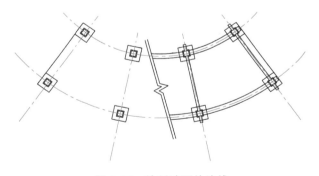

图 4-83　绘制地面外边线

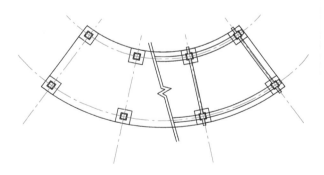

图 4-84　地面边界绘制结果

2. 填充地面图案

输入填充图案的快捷命令"H"，按＜Enter＞键，采用拾取点的边界确定方式，在需要填充的区域内部单击，在图案样式下拉列表中选择合适的填充图案，设置好比例和角度等参数，预览满意后，按＜Enter＞键结束填充命令。填充效果如图 4-85 所示。

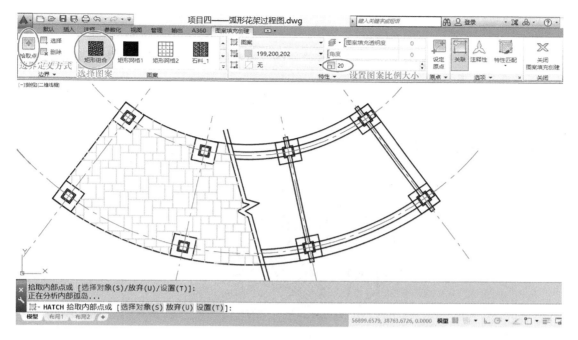

图 4-85　地面填充效果

知识点说明:

　　不同的填充图案在图形中所设置的比例和角度均不相同,应根据实际情况进行调整。

3. 填充柱子木纹图案

　　柱子被 1—1 剖面剖切开了,因此在剖面图中应该画出其断面图案。

　　执行图案填充命令,选择木纹效果的填充图案,设置好相关参数,拾取 8 个柱身小矩形,预览满意后按 < Enter > 键结束填充操作。

　　花架 1—1 剖面图绘制完成,结果如图 4-86 所示。

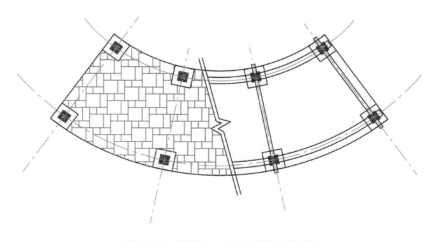

图 4-86　花架 1—1 剖面图绘制结果

项目小结

本项目主要训练了圆弧的画法，学习了新的操作——弧形阵列、矩形阵列和图案填充，修剪、延伸等编辑操作继续在项目中强化。

想一想，练一练

绘制如图4-87所示的地面拼花图案。

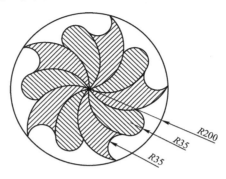

图4-87　练习——地面拼花

项目5　园路的绘制

 项目概述

　　园路在园林景观中起着联系各景点、组织交通、划分景观区域、造景等作用。"曲径通幽"是园路设计的一种常用手法，蜿蜒的小路可以营造出宁静神秘的气氛（图5-1）。本项目以某条自由蜿蜒的园林小径为例，学习其施工图的绘制（图5-2），主要掌握 CAD 中样条曲线的绘制方法、图案填充和文字及尺寸标注、引线标注等基本操作。

图 5-1　园林小径

知识目标

　　1. 掌握绘图命令中样条曲线的绘制方法。
　　2. 掌握编辑命令中阵列、偏移等操作。
　　3. 掌握文字样式、尺寸标注样式的设置，以及尺寸标注和文字注写等操作。

素养目标

　　1. 文化自信增强

　　通过绘制曲线型的景观，学习"曲径通幽"的东方造园智慧；通过绘制冰裂纹、回纹、万字纹等图案纹样，体验中式美学的艺术魅力。

　　2. "生态"理念融入

　　通过透水铺装技术和地域性铺装材质的运用，融入"生态"理念。

 项目描述

　　首先完成园路平面图的绘制，主要学习样条曲线的画法和图案填充、极轴阵列等编辑操作；然后绘制园路剖面图，主要学习尺寸标注、文字注写和引线标注等操作。

项目准备

　　1. 知识准备：识读图5-2中的施工图。
　　2. 绘图条件准备：安装有 AutoCAD 软件的计算机。

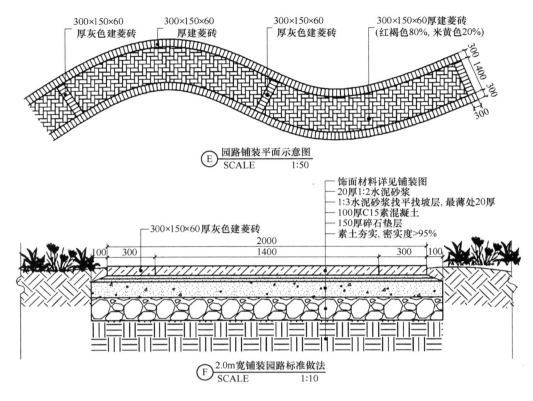

图 5-2　园路设计图

项目实施

先将图形绘制的图层建立好，包含图线、填充、标注、文字等图层。设置好各项参数，在相应的图层上按照步骤完成图形的绘制。

任务 1　园路平面图的绘制

图纸分析：

由图 5-3 可知，园路平面图主要由自由弯曲的线条和图案填充构成。园路总宽 2m，由两种铺装样式构成，中间是宽 1.4m 的人字形铺装，两侧各有 300mm 的平铺砖铺装，沿园路延长方向，每间隔 8m 长设置一道 300mm 宽的平铺砖做分隔。

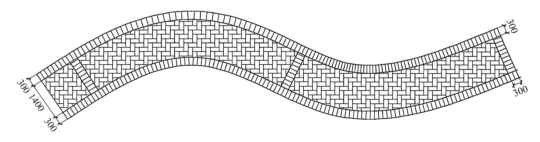

图 5-3　园路平面图

思路分析：

　　使用样条曲线和偏移命令可以绘制 4 条自由曲线，使用阵列和图案填充命令可以完成铺装图案的平面绘制。

一、绘制园路边线

1. 绘制样条曲线

　　通过分析可知，园路自由弯曲的线条用样条曲线命令即可完成。在"绘图"命令面板中选择样条曲线的命令按钮，如图 5-4 所示。（样条曲线的快捷命令为"SPL"）

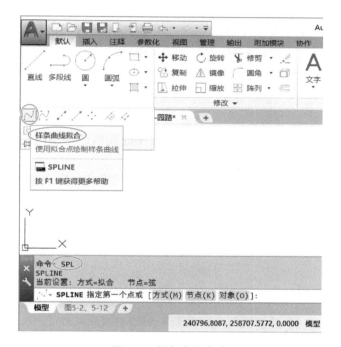

图 5-4　样条曲线命令

　　命令行提示如图 5-4 所示，按照方格网中园路起点位置，单击完成园路边缘起点端点的指定。

　　命令行跳转至："SPLINE 输入下一个点："。移动光标至园路曲线的转折点或弧线变化的特殊点，如弧线的最高点或最低点，或者在园路边线与方格网的交叉点处单击，完成样条曲线上点的指定。

　　直至最后一个端点的指定完成，上下移动光标调整曲线端部的线条方向至合适位置，按 < Enter > 键结束命令，样条曲线绘制完成，如图 5-5 所示。

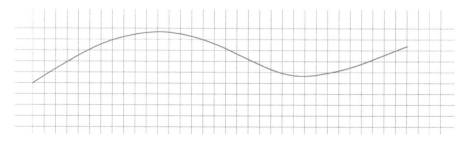

图 5-5　园路边线绘制结果

绘制样条曲线命令行提示信息及完整操作步骤如下：

命令：SPL（输入"SPL"，按＜Enter＞键）

输入样条曲线创建方式［拟合（F）/控制点（CV）］＜拟合＞：

当前设置：方式＝拟合　节点＝弦

SPLINE 指定第一个点或［方式（M）/节点（K）/对象（O）］：（在线条起点位置单击）

SPLINE 输入下一个点或［起点切向（T）/公差（L）］：（至线条弯曲处或与方格网边线交点处单击）

SPLINE 输入下一个点或［端点相切（T）/公差（L）/放弃（U）］：（至线条弯曲处或与方格网边线交点处单击）

SPLINE 输入下一个点或［端点相切（T）/公差（L）/放弃（U）/闭合（C）］：（至线条弯曲处或与方格网边线交点处单击）

SPLINE 输入下一个点或［端点相切（T）/公差（L）/放弃（U）/闭合（C）］：（至线条弯曲处或与方格网边线交点处单击，调整曲线至合适位置，按＜Enter＞键）

2. 偏移边线

按照平面图中尺寸所示，园路宽 2m，用偏移命令将刚绘制的园路边线的样条曲线偏移 2000 的距离即可完成另一侧边线的绘制。

再次使用偏移命令，分别将两边线向园路内侧偏移 300 的距离，完成铺装图案分隔线的绘制。绘制结果如图 5-6 所示。

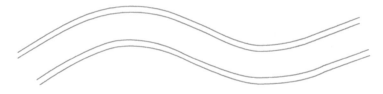

图 5-6　园路平面线条偏移效果

二、绘制园路铺装

1. 绘制辅助线

用直线将间隔 300mm 宽的两条样条曲线端点分别连接。

使用偏移工具，将园路及其两侧铺装边线的中线偏移出来，如图 5-7 中蓝色的 3 条曲线所示。该步骤绘制的 3 条线为下一步阵列操作的辅助线。

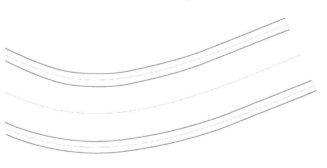

图 5-7　绘制端部线条

2. 使用路径阵列，布置边缘铺装线条

选择端部的直线段，在"修改"命令面板中选择"路径阵列"工具，如图 5-8 所示。

命令行提示："ARRAYPATH 选择路径曲线："，移动光标至下方铺装中线的辅助曲线上，单击指定阵列布置的路径。

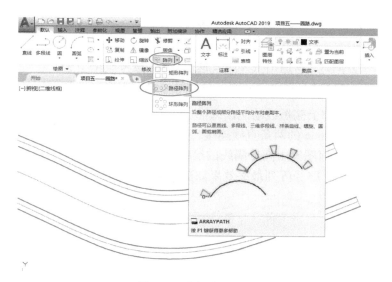

图 5-8　路径阵列工具

调节设置阵列参数控制面板上相关参数，将"介于"调整为 150，如图 5-9 所示。按＜Enter＞键，路径阵列结束。所有短线条都沿着中线以 150mm 的间距排列布置完成。

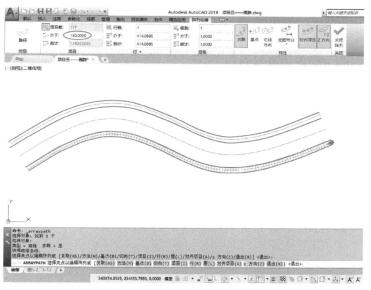

图 5-9　路径阵列面板参数调整及效果

执行路径阵列工具的命令行提示信息及完整操作步骤如下：

（选择要阵列的对象）

阵列工具面板中选择"路径阵列"命令

命令：_arraypath 找到 1 个

类型＝路径关联＝否

ARRAYPATH 选择路径曲线：（选择阵列排布的路径曲线线条）

ARRAYPATH 选择夹点以编辑阵列或［关联（AS）/方法（M）/基点（B）/切向（T）/项目（I）/行（R）/层（L）/对齐项目（A）/z 方向（Z）/退出（X）］＜退出＞：（调整阵列参数面板中的介于值为"150"，按＜Enter＞键）

选择夹点以编辑阵列或［关联（AS）/方法（M）/基点（B）/切向（T）/项目（I）/行（R）/层（L）/对齐项目（A）/z方向（Z）/退出（X）］＜退出＞：（按＜Enter＞键）

再执行相同的操作，将端部上侧短线绘制出来。

将端部中间部分用间隔300mm的两条直线连接，选中两条直线段，再次执行上述路径阵列命令，介于值设置为8000，完成园路平面图案中间分隔线的绘制。

删除辅助线的三条曲线段，路径阵列最终效果如图5-10所示。

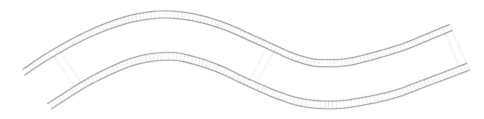

图5-10 路径阵列最终效果

采用相同的操作方法，将分割线条中间的间隔150的铺装线条绘制完成。

3. 填充图案

绘制辅助线将园路左侧中间段用直线封闭。

知识点说明：
　　填充图案必须在闭合的区域内部执行，若图形不封闭，需先用辅助线将图形断开处连接闭合。

执行填充图案命令（输入快捷命令"H"，按＜Enter＞键），在园路中间段填充如图5-11所示的图案，适当调整各参数的设置。

填充完成之后删除端部的直线段。最终效果如图5-11所示。

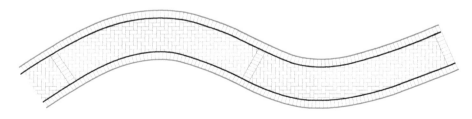

图5-11 图案填充效果

任务2 园路剖面图的绘制

图纸分析：

　　图5-12是沿园路横断面方向剖开之后绘制的图样，主要通过矩形、多段线及图案填充命令来完成该图样的绘制。除此之外，还需要配以文字说明和尺寸标注来注明工程做法。

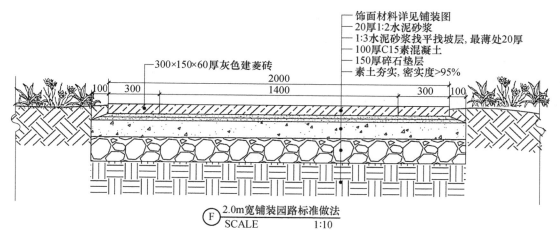

饰面材料详见铺装图
20厚1:2水泥砂浆
1:3水泥砂浆找平找坡层, 最薄处20厚
100厚C15素混凝土
150厚碎石垫层
素土夯实, 密实度>95%

300×150×60厚灰色建菱砖

2000
1400
100 300 300 100

Ⓕ 2.0m宽铺装园路标准做法
SCALE 1:10

图5-12　园路剖面图

思路分析：

使用矩形和多段线命令可以绘制园路各构造层，使用图案填充命令可以完成图例图案的布置，使用尺寸标注完成各段长度的表示，使用文字工具添加说明。

矩形、多段线和图案填充命令在前面的章节中已经详细介绍过，此章节重点放在尺寸标注和文字工具上，主要从标注样式和文字样式的设置，尺寸标注和文字工具的使用，以及尺寸标注和文字的编辑修改三方面介绍。

绘制园路剖面

1. 绘制素土夯实层

素土夯实表达的是路基，即被夯实的土壤，它不是园路的工程主体结构，因此在图样中没有标注其厚度，在绘制时取一适当的厚度表达即可。在此以宽2200、厚200为例表示素土夯实层。

绘制一尺寸为2200×200的矩形；执行图案填充命令，选择名称为"EARTH"的填充图案，调整比例和角度等相关参数，在矩形内部进行图案填充，结果如图5-13所示。

图5-13　素土夯实层绘制结果

该步骤命令行提示信息及完整操作如下：
命令：REC（输入"REC"，按＜Enter＞键）
RECTANG 指定第一个角点或 ［倒角（C）/标高（E）/圆角（F）/厚度（T）/宽度（W）］：（在绘图区域任一位置单击）
RECTANG 指定另一个角点或 ［面积（A）/尺寸（D）/旋转（R）］：（输入"2200，200"，按＜Enter＞键）@2200，200

命令：H（输入"H"，按＜Enter＞键）

HATCH 拾取内部点或［选择对象（S）/放弃（U）/设置（T）］：（在矩形中间单击）

正在分析所选数据…

正在分析内部孤岛…

HATCH 拾取内部点或［选择对象（S）/放弃（U）/设置（T）］：（在填充图案的参数面板上选择 EARTH 填充图案，修改比例，单击"设定原点"）

HATCH 指定原点：（对象捕捉矩形的左上角点）

HATCH 拾取内部点或［选择对象（S）/放弃（U）/设置（T）］：（按＜Enter＞键结束命令）

知识点说明：

该步骤采用了相对坐标输入法。

当矩形第一个角点指定后，其对角线的角点距离该点的 X 值为 2200，Y 值为 200，即第二点位于第一点的右侧 2200、上方 200 处。指定第二点时可以直接输入相对于第一点的坐标值 2200、200 即可。

CAD2016 版本不需要输入"@"符号，默认输入的坐标值为相对坐标值。

2. 绘制垫层和基础层

从 5-12 图中可知，园路的碎石垫层厚为 150mm；垫层之上为素混凝土基础层，厚为 100mm。需要在素土夯实层上绘制尺寸为 2200×150 和 2200×100 的两个的矩形，内部分别填充碎石和混凝土图例。

执行矩形命令，对象捕捉素土夯实左上角端点作为碎石垫层矩形的第一个角点，命令行提示"指定下一角点"时输入"2200，150"，按＜Enter＞键，即完成该矩形绘制。执行图案填充命令，在矩形内部填充名为"GRAVEL"的图案，设置好填充比例等参数，按＜Enter＞键结束命令。

执行相同操作，绘制出素混凝土基础层（填充图案选择名为"AR-CONC"的图例），效果如图 5-14 所示。

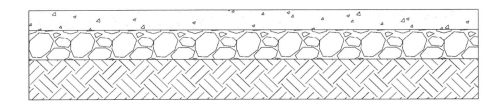

图 5-14 垫层和素混凝土基础层绘制效果

3. 绘制水泥砂浆找坡层和结合层

在混凝土层之上需要做出厚度均为 20mm 的水泥砂浆找坡层和结合层，这两层可以一并绘制。这两层的剖面图形为等腰梯形，总高为 40mm，上边长 2000mm，下边长 2200mm。由此可知，上侧两端点较下方端点位置分别向中点的位置靠拢 100mm。

执行直线或多段线命令，对象捕捉混凝土层矩形的左上角端点作为直线的起点，输入"100，40"，

按 < Enter > 键，打开极轴功能（按 < F10 > 键），沿 X 轴正方向绘制长为 2000 的直线段。对象捕捉混凝土层矩形右上角端点，单击，再输入"c"，按 < Enter > 键结束命令。

用直线工具连接梯形两斜边中点，将图样中找坡层和结合层分开。

执行图案填充命令，填充名为"AR-SAND"的图例。绘制效果如图 5-15 所示。

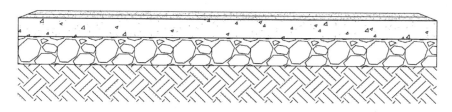

图 5-15　找坡层及结合层绘制效果

4. 绘制铺装层

从图 5-2 中的平面图可知，园路两边的铺装为 300mm×150mm×60mm 厚的灰色建菱砖，中间为人字形铺设的同规格不同颜色的建菱砖，因此剖面图中需要将材料分开，即绘制 3 个厚度都为 60mm 的矩形。3 个矩形尺寸分别为 300×60、1400×60、300×60。

执行矩形命令，对象捕捉结合层梯形左上角端点作为矩形第一个角点，输入"300，60"按 < Enter > 键，完成左侧矩形的绘制。

按 < Enter > 键继续执行矩形命令，采用相同的方法绘制出另外两个矩形。

执行图案填充命令，填充名为"ANSI33"的图例，填充比例调整为 10。

因素土夯实层没有具体的厚度，暂定一厚度绘制矩形只为了填充图案所需，图案填充完成之后将该矩形边缘删除，结果如图 5-16 所示。

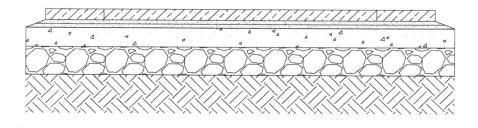

图 5-16　铺装层绘制结果

任务3　文字说明

图纸分析：

绘制完园路横断面图后还需要配以文字说明和图名等信息。

思路分析：

使用文字命令可以标注出相应信息。需要先对文字样式进行设置。

此节重点从文字样式的设置、文字工具的使用，以及文字的编辑修改三方面进行介绍。

一、文字样式的设置

单击打开"注释"工具栏的下拉工具，再打开文字样式下拉列表，单击"管理文字样式"，步骤如图 5-17 所示。

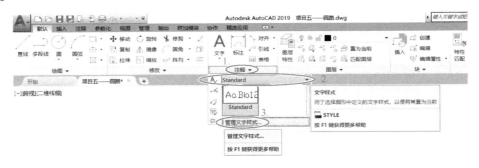

图 5-17　打开文字样式管理器

弹出"文字样式"管理器对话框，新建文字样式 1，如图 5-18 所示。

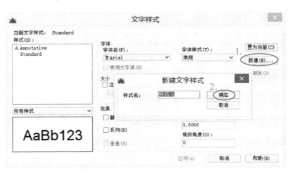

图 5-18　新建文字样式 1

在"文字样式"对话框中修改样式 1 的各项参数，设置字体为长仿宋字，字体名选择为"仿宋"，宽度因子改为"0.7"，单击"应用"按钮，再将该文字样式设置为当前，如图 5-19 所示。关闭对话框，文字样式设置完成。

图 5-19　文字样式参数修改

二、文字工具的使用

在 CAD 中有两种文字工具：单行文字和多行文字。接下来分别介绍两种文字工具的使用方法。

1. 多行文字工具的使用

如图 5-20 所示选择多行文字工具。

图 5-20　文字工具

在绘图区中需要书写文字的区域通过对角线角点拉出一个框，弹出多行文字编辑器，设置好文字大小后，在光标闪烁处输入文字内容，完成输入后关闭文字编辑器即可，如图 5-21 所示。

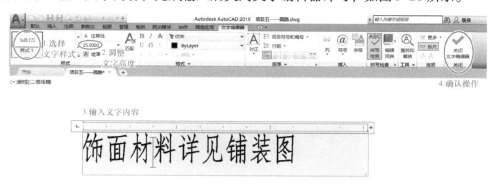

图 5-21　多行文字编辑器

2. 单行文字工具的使用

选择单行文字工具，命令行显示当前文字设置的参数，并提示指定文字的起点，在需要书写文字的区域单击。

命令行跳转并提示："指定文字高度"，输入"25"，按 < Enter > 键。

命令行跳转并提示："指定文字的旋转角度"，不需要旋转文字则直接按 < Enter > 键至下一步。

命令行提示信息："TEXT"，绘图区域光标闪烁时，可直接输入文字内容，完成输入后，按 < ESC > 键退出单行文字工具。

> **知识点说明：**
>
> 单行文字工具并非只能输入一行文字，可以在输入时按 < Enter > 键转行至下一行文字的输入。当命令结束时，每行文字位置上各自在一行，形式上各自为一对象。
>
> 多行文字也可以输入一行文字，也可以按 < Enter > 键转行输入多行文字。当该命令结束时，多行文字即作为一个整体对象。
>
> 二者除了使用方法的不同，本质上的区别如图 5-22 所示。

饰面材料详见铺装图
20厚1：2水泥砂浆

注：多行文字输入的两行字
为一个整体对象。

饰面材料详见铺装图
20厚1：2水泥砂浆

注：单行文字输入的两行字
分别为两个独立的对象。

图5-22　多行文字与单行文字的区别

按照施工图设计要求，输入所有文字内容，注写上图名，图名字体大小比内容文字大一个字号。

3. 引出线的绘制

使用多段线工具，绘制引出线，在每个结构层的位置用圆和填充工具绘制小圆点。
使用移动工具将引出线和文字内容对齐，结果如图5-23所示。

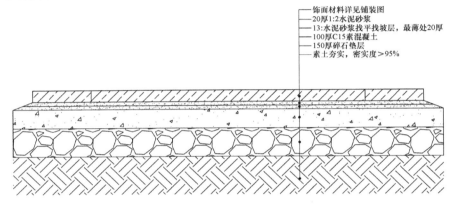

饰面材料详见铺装图
20厚1：2水泥砂浆
13：水泥砂浆找平找坡层，最薄处20厚
100厚C15素混凝土
150厚碎石垫层
素土夯实，密实度>95%

2.0m宽铺装园路标准做法

图5-23　文字输入完成效果

三、文字的编辑

若对已经输入完成的文字内容、字体大小、文字颜色、文字样式等格式不满意，需要修改，可双击选中文字内容，并对其进行重新编辑。

1. 多行文字的编辑

双击已经完成的多行文字内容，弹出多行文字编辑器，选中需要修改的文字内容，重新输入新的内容，或在文字编辑器上重选新的参数，如文字样式、字体大小、字体颜色、加粗、斜体等。

2. 单行文字的编辑

单行文字的内容修改：双击已完成的单行文字，激活输入状态，修改相应内容。
单行文字的文字样式和字体颜色的修改：单击选中已完成的单行文字，在"注释"工具栏中选择字体样式，从其下拉列表中选择新的字体样式；在"特性"工具栏中重新选择所需的颜色，如图5-24所示。

知识点说明：

单行文字的编辑不能够对其文字高度进行修改。其文字高度是通过文字样式中高度参数的修改控制的。若非要编辑修改其高度，只能通过缩放命令实现，或在"特性"面板中对其高度值重新设定。

故为了方便操作，加快作图速度，建议采用多行文字工具进行文字的输入。

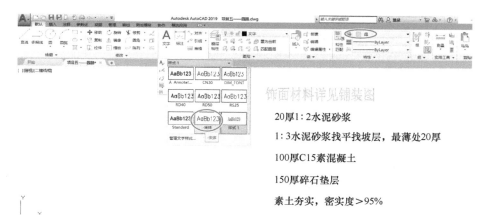

饰面材料详见铺装图

20厚1:2水泥砂浆

1:3水泥砂浆找平找坡层,最薄处20厚

100厚C15素混凝土

150厚碎石垫层

素土夯实,密实度>95%

图 5-24 单行文字的编辑

任务4 尺 寸 标 注

图纸分析:

在已绘制完成的园路横断面图上需要注明对应部分的尺寸长度。

思路分析:

使用尺寸标注命令可以标注出线段长度。如同文字工具一样,在使用尺寸标注工具之前需要先对标注样式进行设置。

本节重点介绍标注样式的设置、各类尺寸标注工具的使用。

一、标注样式的设置

单击打开"注释"工具栏的下拉工具,再打开"标注样式"下拉列表,单击"管理标注样式",如图 5-25 所示。

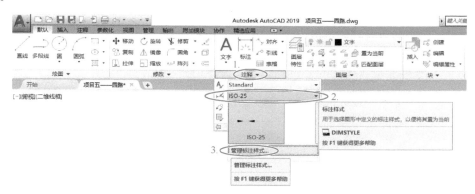

图 5-25 打开标注样式管理器

弹出"标注样式管理器",单击"新建"按钮,在弹出的"创建新标注样式"对话框中修改"新样式名"为"样式1",单击"继续"按钮,如图 5-26 所示。

在"新建标注样式:样式1"对话框中修改各项参数,如图 5-27 所示。

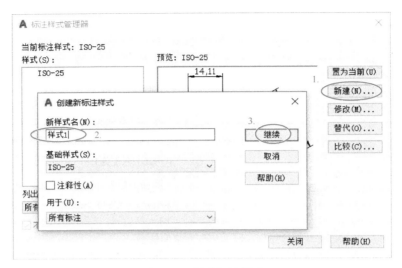

图 5-26　新建标注样式

图 5-27　新建标注样式参数修改

单击"确定"按钮，关闭对话框，标注样式设置完成。单击"置为当前"，关闭标注样式管理器。

二、标注工具的使用

在 AutoCAD 中有标注线段长度的工具（线性标注和对齐标注）；有标注角度、弧长的工具；有标注半径直径等的工具。本节主要讲解线性标注和对齐标注工具的使用方法。

1. 线性标注

选择线性标注工具，如图 5-28 所示。

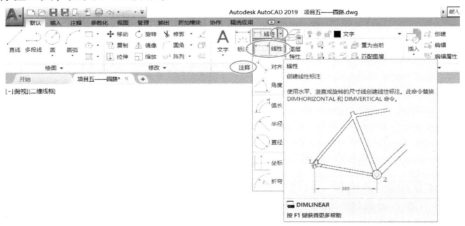

图 5-28　线性标注工具

命令行提示信息："指定第一个尺寸界限原点或＜选择对象＞："，按＜Enter＞键。

命令行提示："选择标注对象"，用光标选择园路剖面图中水泥砂浆层左侧边线，并"指定尺寸线位置"，光标往上方移动至适当位置，单击，确定尺寸线的位置，如图 5-29 所示。

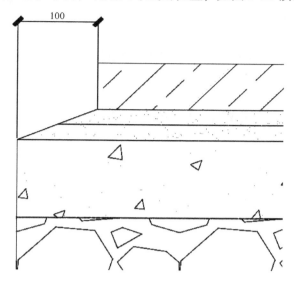

图 5-29　线型标注工具使用结果

该步骤完整命令行提示信息和具体操作如下：

命令：DIMLINEAR（输入"DIM"，按＜Enter＞键）

DIMLINEAR 指定第一个尺寸界线原点或＜选择对象＞：（按＜Enter＞键）

DIMLINEAR 选择标注对象：（选择水泥砂浆层左侧斜边线）

DIMLINEAR 指定尺寸线位置或

［多行文字（M）/文字（T）/角度（A）/水平（H）/垂直（V）/旋转（R）］：（移动光标至合适位置单击）

标注文字 = 100

2. 连续标注

标注完第一段线段之后，可以采用连续标注工具，接连标注与前一段相接的后续线段的长度，并且可在同一命令下标多个线段。

在"注释"选项卡中，选择"连续标注"工具，如图 5-30 所示。

命令行提示："指定第二个尺寸界限原点"，移动光标至需要标注线段的另一侧端点处单击，完成该段线段的长度标注。命令并未结束，可继续标注后续的线条。

命令行再次提示："指定第二个尺寸界限原点"，可继续移动光标至需要标注线段的右侧端点处单击进行标注，重复操作步骤，直至最后一段线标注完成，按两次＜Enter＞键，结束命令，结果如图 5-31 所示。

该步骤完整命令行提示信息和具体操作如下：

命令：dimcontinue（工具栏中选择"连续标注"工具）

DIMCONTINUE 指定第二个尺寸界线原点或［选择（S）/放弃（U）］＜选择＞：（移动光标至第二段线条右侧端点，借助对象捕捉功能单击其端点）

标注文字 = 1400

DIMCONTINUE 指定第二个尺寸界线原点或［选择（S）/放弃（U）］<选择>：（移动光标至下一段线条右侧端点，借助对象捕捉功能单击其端点）

标注文字 = 300

DIMCONTINUE 指定第二个尺寸界线原点或［选择（S）/放弃（U）］<选择>：（移动光标至再下一段线条右侧端点处单击）

标注文字 = 100

DIMCONTINUE 指定第二个尺寸界线原点或［选择（S）/放弃（U）］<选择>：（按<Enter>键，按<Enter>键）

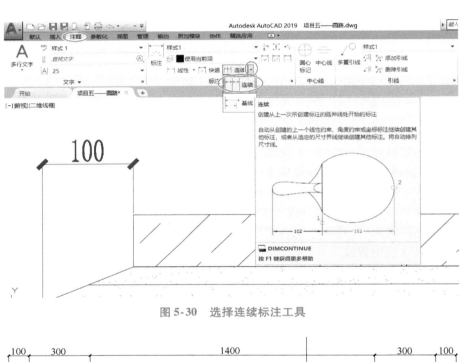

图 5-30　选择连续标注工具

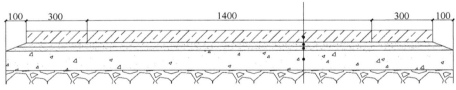

图 5-31　连续标注线段长度

知识点说明：

连续标注工具能使用的前提是必须已有线段长度标注出来，连续标注的线段必须与上一段线条相连。

采用同样的方法完成剖面图其他线段长度的标注。也可以采用"对齐标注"工具逐一完成如图所示的线段长度的标注。

118

知识点说明：

　　对齐标注工具还可以标注斜线段的长度、斜线段的水平方向长度和垂直方向长度。

　　使用完对齐标注再使用连续标注工具时，只能沿着对齐标注的方向继续标注线段。即若两段线不在同一延伸方向上，则连续标注标出的数据并非为第二段线的实际长度。

任务5　引线标注

图纸分析：

　　园路横断面图中需要标注出300宽的路沿石材料及规格，平面图中因材料的颜色及铺装方式不同，也需要做出相应的文字标注说明。

思路分析：

　　使用引线标注工具可以快速地完成该项任务。如同文字工具一样，在使用引线标注工具之前需要先对引线样式进行设置。

　　此节重点介绍引线样式的设置和引线标注工具的使用进行介绍。

一、引线样式的设置

　　单击打开"注释"工具栏的下拉工具，再打开"多重引线样式"下拉列表，单击"管理多重引线样式"，如图5-32所示。

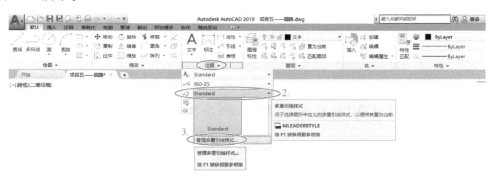

图5-32　打开引线样式管理器

　　弹出"多重引线样式管理器"，单击"新建"按钮，在弹出的"创建新多重引线样式"对话框中修改"新样式名"为"样式1"，单击"继续"按钮，如图5-33所示。

　　在"修改多重引线样式：样式1"对话框中修改各选项卡中的参数，如图5-34所示。

　　单击"确定"按钮，关闭对话框，引线样式设置完成。单击"置为当前"，关闭多重引线样式管理器。

二、引线标注工具的使用

　　选择引线标注工具，如图5-35所示。

　　根据命令行提示："指定引线箭头位置"，移动光标至300宽的路沿石位置单击。

　　再移动光标垂直向上，至适当位置单击指定引线基线的位置。

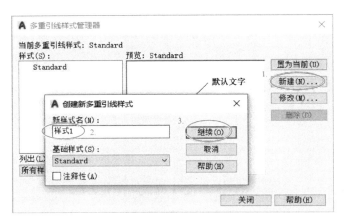

图 5-33　新建多重引线样式

图 5-34　设置引线样式各参数

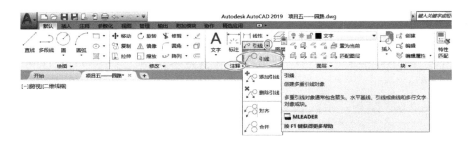

图 5-35　引线标注工具

输入文字内容，在空白区域单击结束命令，结果如图 5-36 所示。

引线标注完整命令行提示信息及操作步骤：
命令：MLEADER（在工具栏中选择"引线标注"工具）
MLEADER 指定引线箭头的位置或［引线基线优先（L）/内容优先（C）/选项（O）］＜选项＞：（移动光标至引线起点位置单击）
MLEADER 指定下一点：（拉升引线至垂直上方，在适当位置单击）
MLEADER 指定下一点：（按＜Enter＞键）
输入标注的文字内容，在空白处单击结束命令

在园路平面图中也需要引线标注不同的铺装材料，执行上述相同的操作，完成结果如图 5-37 所示。

三、引线标注的编辑

选中已完成的引线标注，通过拖曳各控制点，可实现基线的位置变动；双击已完成的引线标注文字

120

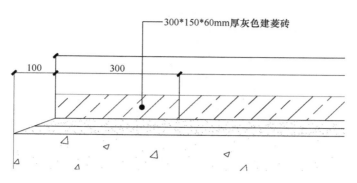

图 5-36　引线标注结果

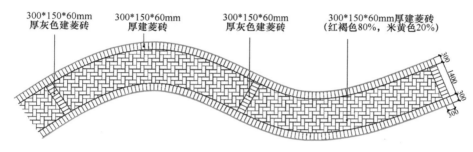

图 5-37　园路平面图标注结果

内容，可进行其内容的修改。

项目小结

　　本项目主要学习了样条曲线的画法和图案填充、极轴阵列等编辑操作。重点学习了尺寸标注、文字注写和引线标注等操作。在使用文字工具和尺寸标注前需先设置文字样式和标注样式，并且设置的参数要符合园林制图规范。

想一想，练一练

1. 绘制如图 5-38 所示的模纹花坛，练习样条曲线和图案填充等工具的使用。

图 5-38　练习——绘制模纹花坛

2. 标注如图 5-39 所示的尺寸标注和文字说明。

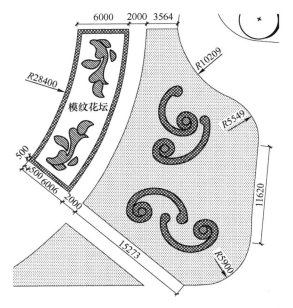

图 5-39　练习——标注尺寸及文字

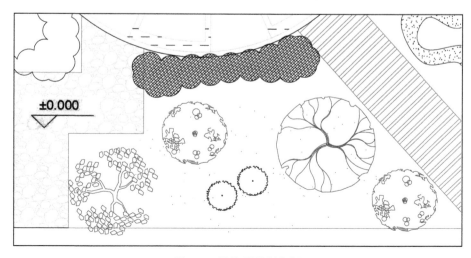

项目6　植物的绘制及添加

　　植物可谓是园林景观的灵魂和生命，植物的配置与设计是景观设计工作中必不可少的一项（图6-1）。本项目以植物的平面图例绘制为例（图6-2），讲解绘制植物图例和使用植物图例的方法，要求掌握CAD中徒手线和修订云线工具的操作方法，重点掌握图块的创建和使用方法。

图6-1　植物配置图

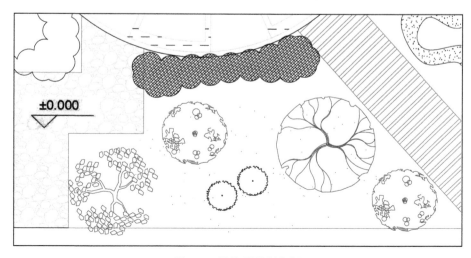

±0.000

图6-2　植物设计局部图

 知识目标

1. 学习绘图命令中徒手线和修订云线的操作方法。
2. 掌握图块的创建、图块的编辑和图块的插入使用等操作。

 素养目标

1. 标准化意识强化

按《风景园林制图标准》（CJJ/T 67—2015）统一图块属性，强化标准化意识。
2. "生态"理念融入

学习植物多样性和生态平衡的重要性，融入"生态"理念。

项目描述

首先完成园林植物平面图例的绘制，主要学习徒手线和修订云线的画法。然后学习植物图块的创建和插入使用等操作。

项目准备

1. 知识准备：识读图 6-2 中的植物图例，分析其特点。
2. 绘图条件准备：安装有 AutoCAD 软件的计算机、收集的植物图例。

 项目实施

建立一植物图层，各项参数设置为：颜色——绿色，线型和线宽——Bylayer。在相应的图层上按照步骤完成图形的绘制。

任务 1 植物平面图例的绘制

图纸分析：

由图 6-3 可知，该乔木植物图例的线条构成为一段弧线和一段形似 m 的线段，然后有规律地以弧线的圆心排列成一圆圈。

图 6-4 绘制的是一自然式灌木丛的植物图例，绘制出大小不等且变换的弧线边缘然后填充内部的图案即可。

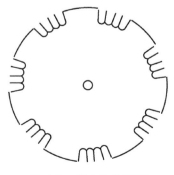

图 6-3　乔木植物图例

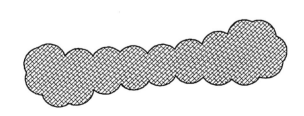

图 6-4　灌木丛植物图例

思路分析：

乔木的植物图例使用徒手线和圆弧命令可以绘制两段自由曲线的绘制，再使用阵列命令可以将整个图例绘制完成。

灌木丛的植物图例需要使用修订云线工具和图案填充。

一、绘制乔木植物图例

将"0图层"作为当前图层。

1. 绘制 m 形弯曲线条

m 形弯曲线条是一条自由的类似于手绘的线条，使用徒手线工具即可完成。

在命令行输入"SK"（徒手线的命令为 sketch），按＜Enter＞键，启动徒手线的绘制命令。当前设置为："类型 = 直线增量 = 1.0000 公差 = 0.500"。

命令行提示："指定草图或[类型（T） 增量（I） 公差（L）]:"。移动光标至绘图区域，按住鼠标左键不放，绘制如图 6-5 所示线条，直到线条绘制结束，按＜Enter＞键，结束命令。

2. 绘制弧线

使用圆弧工具，在 m 形弯曲线条右侧绘制一段弧线，如图 6-6 所示。

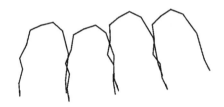

图 6-5 绘制徒手线

图 6-6 绘制弧线

3. 环形阵列线条

将前两步绘制的线条以弧线的圆心为中心进行环形阵列。

在"修改"工具栏中选择"环形阵列"工具，选择 m 形线条和弧线为对象，按＜Enter＞键，指定弧线圆心为阵列中心，修改项目数为合适值，按＜Enter＞键，结束命令，如图 6-7 所示。

4. 绘制乔木主干

用圆工具在阵列中心处绘制一合适大小的圆。该乔木图例绘制完成，如图 6-3 所示。

二、绘制灌木丛植物图例

选择"植物"图层作为当前图层。

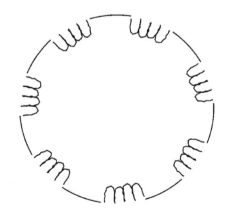

1. 绘制灌木丛曲线轮廓线条

图 6-7 环形阵列线条结果

灌木丛曲线轮廓是一条由大小不等的圆弧线段围合一圈形成的闭合线条，使用修订云线工具绘制。

在"绘图"工具栏中选择"徒手画修订云线"工具，如图 6-8 所示。

命令显示了当前设置中关于"最小弧长""最大弧长""样式"和"类型"等参数。若该参数不符合绘图所需，则需要在绘制之前将弧长参数进行。

125

选择输入参数"A"，按 < Enter > 键，命令行输入最小弧长值"300"，按 < Enter > 键，再输入最大弧长值"900"。

在绘图区域单击，像使用铅笔一样绘制出灌木丛的轮廓边缘。当回到起点处时，云线会自动闭合且结束命令，如图6-9所示。

图 6-8　选择徒手画修订云线工具

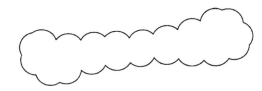

图 6-9　徒手画修订云线结果

绘制修订云线完整命令行提示信息和具体操作如下：

命令：REVCLOUD（工具栏中选择"徒手画修订云线"工具）

最小弧长：0.1　最大弧长：0.1　样式：普通类型：徒手画

指定第一个点或 [弧长（A）/对象（O）/矩形（R）/多边形（P）/徒手画（F）/样式（S）/修改（M）] < 对象 > ：_F

REVCLOUD 指定第一个点或 [弧长（A）/对象（O）/矩形（R）/多边形（P）/徒手画（F）/样式（S）/修改（M）] < 对象 > ：（输入"A"，按 < Enter > 键）

REVCLOUD 指定最小弧长 < 0.1 > ：（输入"300"，按 < Enter > 键）

REVCLOUD 指定最大弧长 < 0.1 > ：（输入"900"，按 < Enter > 键）

REVCLOUD 指定第一个点或 [弧长（A）/对象（O）/矩形（R）/多边形（P）/徒手画（F）/样式（S）/修改（M）] < 对象 > ：（单击，移动鼠标）

沿云线路径引导十字光标…（沿设计的灌木丛的边缘走一圈回到起点，图形自动闭合）

修订云线完成

知识点说明：

　　修改云线弧线大小的时候，最大弧长最大只能设置为最小弧长的3倍（可输入小于等于最小弧长3倍的任意值）。若输入超过3倍的数值则命令行会提示"最大弧长不能超过最小弧长的3倍"，则需重新输入正确的最大弧长值才能设置成功。

2. 绘制灌木丛内部线条

使用图案填充工具，选择合适的图案，设置合适的填充图案比例，即可完成灌木丛内部线条的绘制。至此，灌木丛绘制完毕，效果如图 6-4 所示。

任务 2　植物图块的创建

植物的图例可以通过以上的方法自行绘制，但在植物设计的实际操作中，为了节约时间，提高效率，以及美观等要求，我们更多地采取使用植物图块的方法来快速插入植物。当植物图例作为图块被插入时可以作为一个整体对象，同时也方便编辑，能大大提高作图速度。

思路分析：

植物图块使用的步骤是：先收集或绘制好植物图例线条，再创建植物图块，然后使用图块。

一、图块的创建

按照任务 1 中的操作步骤，在 0 图层上绘制植物图例。

> **知识点说明：**
>
> 绘制图例和创建图块时必须在 0 图层上操作，且 0 图层的颜色设置为默认的 BYLAY 白色，这样在其他图层上插入使用图块时才能保证图例颜色跟随当前图层的颜色。若在创建图块时 0 图层的颜色设置为了红色并在该图层上创建了图块，或者在非 0 图层的其他图层上创建图块，则在任意非红色图层上插入使用该图块时，都只会呈现红色，而不能随图层颜色变化。

创建图块的快捷命令是"B"（BLOCK），或在"块"工具栏中选择"创建"工具，如图 6-10 所示。

图 6-10　创建图块工具

在弹出的"块定义"对话框（图 6-11）中设置相应的参数值。

1）名称：给图例输入一个名称，例如乔木 1。

2）基点：当图块插入使用时的定位点。可通过"拾取点"的方式在屏幕上指定，通常捕捉图例上的特殊点，如植物图例的中点。

3）对象：指定哪些线条将被组合成一个整体图块。通过"选择对象"方式，在绘图区域将绘制的植物图例线条全部选中，按 < Enter > 键，再回到"块定义"对话框继续完成其他参数的设置。

4）保留：创建图块时将原对象仍保留为若干个单一对象的特点。

5）转换为块：将原对象变为一个整体的图块。

6）删除：创建为块时删除原对象。

参数设置完成后如图 6-11 所示，单击"确定"按钮，关闭块定义对话框，图块创建完成。

二、定义图块属性

通过将图块的属性定义，可在插入使用图块的同时出现文字说明标注，如图 6-12 所示。

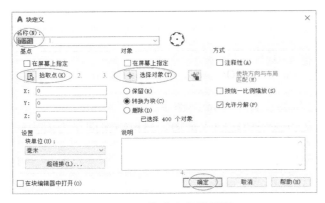

图 6-11　块定义参数设置

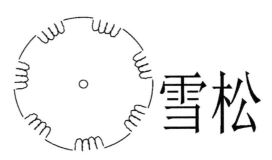

图 6-12　定义图块属性的图例使用效果

1. 属性定义

定义图块属性的快捷命令是"ATT"（ATTDEF），或在"块"工具栏中选择"定义属性"工具，如图 6-13 所示。

图 6-13　定义属性工具

在弹出的"属性定义"对话框中设置相应的参数值。

（1）属性

标记：做成图块时显示的文字内容。本例中输入"名称"两字。

提示：在插入使用图块命令时命令行提醒的信息。本例中输入"请输入该图例的植物名称"。

（2）文字设置

对正：文字的对齐方式。若选择"对齐"，则下面的文字高度参数不可设置。本例中选择"左对齐"方式。

文字样式：可选择本文件中已经被定义的文字样式。本例中选择"样式 1"。

文字高度：可输入任意一值，也可以选择"高度"（用定点设备在绘图区域像绘制直线一样指定文字高度）。本例中文字高度为"200"。

旋转：指定文字的角度。

其他参数默认值即可，设置完成后如图 6-14 所示，单击"确定"按钮，关闭"属性定义"对话框。

命令行提示："ATTDEF 指定起点"，移动光标至文字设置的位置单击，命令结束，如图 6-15 所示。

2. 创建图块

需要将绘制的图形和定义属性的文字一起创建为一个图块，在插入使用时才能作为一个整体对象，该图块可随时编辑修改文字内容。

输入"B",按<Enter>键,选择图6-15中所示的全部图例线条和"名称"两个字,将图块的名称输入为"可输入植物名称的图例"(也可输入任意内容作为图块名称),设置基点,创建图块。

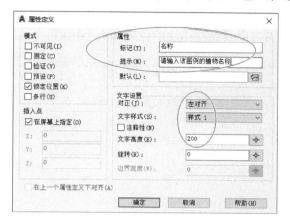

图6-14   设置图块属性值

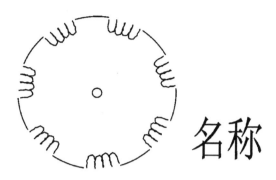

图6-15   定义属性完成效果

任务 3   植物图块的使用

1. 使用本文件定义的图块

图块的使用是通过"插入"命令实现的。

选择"植物"图层作为当前图层。

在命令行输入快捷命令"i"(INSERT),按<Enter>键,或者在工具栏中选择图块的插入命令,如图6-16所示。弹出"插入"对话框,选择上一步创建的名称为"可输入植物名称的图例"的图块,如图6-17所示。

图6-16   插入图块命令

图6-17   选择所需的图例名称

单击"确定"按钮,插入对话框自动关闭,在绘图区域所需位置单击作为图例的插入点,弹出"编辑属性"对话框,在名称输入栏内输入该图例的名称,如图6-18所示。单击"确定"按钮,完成图例的插入使用,完成结果如6-19所示。

知识点说明:

植物配置图中可以采用带有属性的图例快速完成作图,若不需带文字说明只留图例,则在插入使用图例之前不进行任务2中第二步的定义属性操作,直接将图例定义为图块,然后插入使用该图块即可。

2. 使用外文件已经定义好的图块

首先，在外文件中将已经定义好的图块选中，使用快捷键＜Ctrl＋C＞复制对象。再回到作图文件中，使用快捷键＜Ctrl＋V＞将图块粘贴进来，并选择插入点，以及调整图块的位置和大小比例。

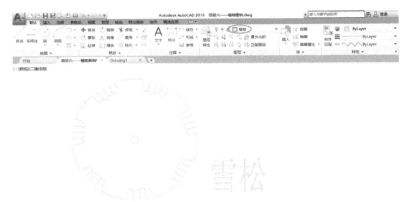

图 6-18　输入图例的显示名称　　　　　　图 6-19　使用图块效果

项目小结

本项目主要学习了徒手线和修订云线的画法。重点学习植物图块的创建和插入使用等操作。

想一想，练一练

绘制如图 6-20 所示的乔木平面图例，并将其制作为块，插入使用在图像中。

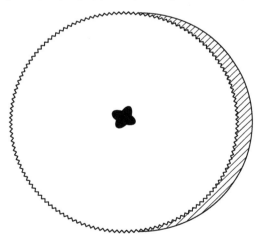

图 6-20　练习——乔木平面图例

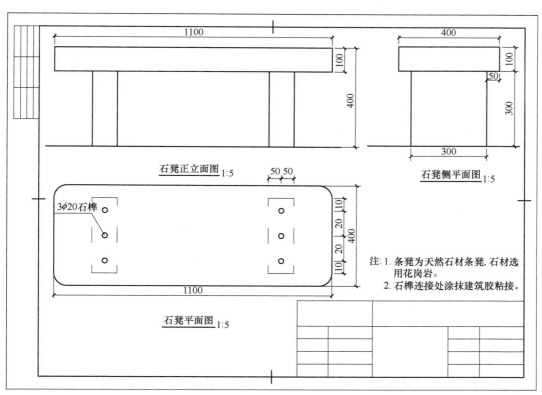

项目7 图纸的布局及打印输出

 项目概述

所绘的图纸需要布局在一定图幅大小的纸张上才能打印输出，图幅的大小不同，输入图样的比例不同，图纸上布局的内容也就不同。本项目以项目二中石凳的输出布局为例（图7-1），讲解通过布局进行打印输出的操作方法。

图 7-1　石凳布局与输出

知识目标

1. 掌握布局中添加及调整视口的操作方法。
2. 掌握添加和设置打印样式等操作。

 素养目标

1. 系统思维培养

通过多布局管理总图与详图，掌握"整体—局部"的规划设计方法论。

2. 工匠精神渗透

通过视口的设置与调整，加强对比例精度的要求，培养精益求精的工匠精神。

 **项目描述**

在模型空间按1:1比例完成图形绘制后可以在布局中设置所需的图幅，通过添加视口设置不同的比例，然后按照所需的打印样式出图打印。

 项目准备

1. 知识准备：CAD中的布局与模型空间的区别。
2. 绘图条件准备：安装有AutoCAD软件的计算机、打印机。

项目实施

在模型空间中绘图是按照1:1的比例绘制的，但出图打印时需要根据图样的特点、出图的要求和图幅大小等条件，将图形的不同部位按照不同的比例布置在一张图面上，因此需要在布局空间中根据需要进行设置。

打开项目二中完成的图形文件，在"图层特性管理器"中添加并设置视口图层、文字图层和标注图层，将"视口"图层设置为当前图层，如图7-2所示。

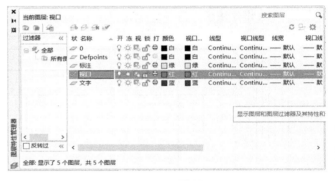

图7-2　设置图层

任务1 布局空间及设置

一、切换布局空间

在命令行的下方从模型空间切换至布局空间，如图7-3所示。布局空间如一张真实的图纸，带有阴影的方形框表示纸张；内部有一虚线的方框，代表图纸可以打印的区域；中间还有一矩形框，代表视口。

重命名布局名称：在布局名称上右击，选择"重命名"命令，如图7-4所示，将布局名称修改为"A3图幅打印"。

二、设置图幅

在"A3图幅打印"的布局上右击，在如图7-4所示的快捷菜单中选择"页面设置管理器"，在弹出的对话框中选择"修改"命令，如图7-5所示。

如图7-6所示，进行相关设置，选择A3的图幅大小，单击"确定"按钮，关闭对话框回到布局空间。

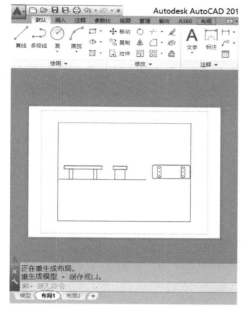

图 7-3　切换布局空间

图 7-4　修改布局名称

图 7-5　修改布局页面

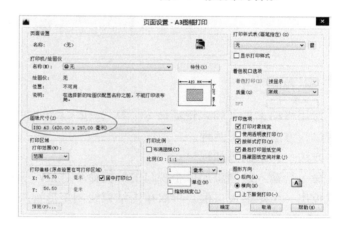

图 7-6　打印设置

三、插入图框

打开收集或另行绘制的图框文件，框选中 A3 的图框图像，按 <Ctrl + C> 键复制，如图 7-7 所示。

回到石凳文件中，在布局中按 <Ctrl + V> 键粘贴 A3 图框，插入点时对齐白色纸张的左下角点，如图 7-8 所示。

布局中 A3 的图幅大小设置好了，在图框内部的左上部位需要布置石凳的正面图，在其下方放置石凳平面图，在右上部位放置石凳侧立面图，在标题栏上方空白区域书写文字说明。根据比例大概计算和出图的要求，石凳的正立面图、平面图和侧立面图出图比例为 1:5，各部位需进行尺寸标注，文字说明要求字高 5mm。

选中画面中间的黑色矩形框，再将其图层信息设置为"视口"图层。

操作说明：

要将某图形对象的图层重置为其他图层，具体操作为：选中图形内容，然后直接在图层工具栏中挑选目标图层名称即可。

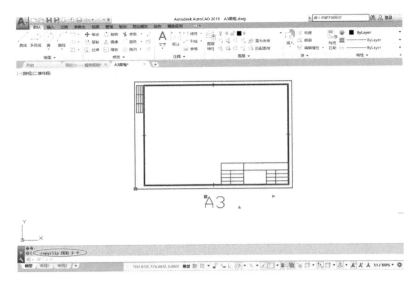

图 7-7 复制 A3 图框图形

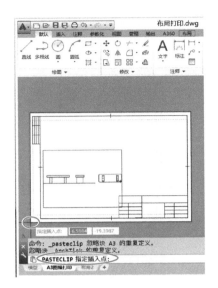

图 7-8 插入图框

任务 2 设置视口

一、添加视口

使用移动工具（输入快捷命令"M"，按 < Enter > 键）把视口移动至图框左上角部位，添加另外两个视口，方法有以下两种。

方法一：绘制添加视口。

命令行输入绘制添加单个视口的快捷命令"MV"，按 < Enter > 键，单击，像绘制矩形一样在合适的位置拉出一个矩形视口框，再次单击结束绘制矩形视口的命令，效果如图 7-9 所示。

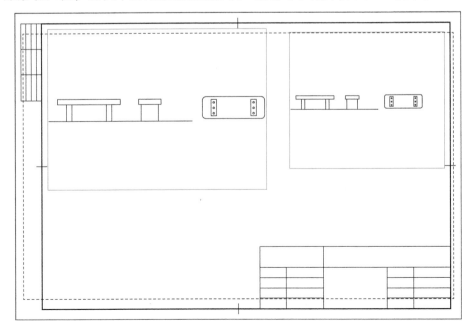

图 7-9 绘制添加视口

添加视口的完整命令行提示信息和具体操作如下：

命令：MV（输入"MV"，按＜Enter＞键）

MVIEW

MVIEW 指定视口的角点或［开（ON）/关（OFF）/布满（F）/着色打印（S）/锁定（L）/对象（O）/多边形（P）/恢复（R）/图层（LA）/2/3/4］＜布满＞：（在图面右上部位单击）

指定对角点：（移动光标，拖出一矩形视口框至合适大小，再单击，结束命令）正在重生成模型

方法二：复制添加视口

可以使用复制命令"CO"将原有的某一视口复制一个出来。关于复制命令的具体操作此处省略。稍调整一下三个视口的大小及位置，如图 7-10 所示。

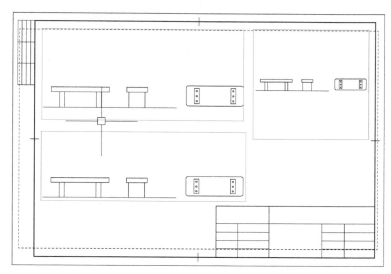

图 7-10　添加三个视口

二、调整视口

1. 设置视口比例

选择左上角的视口，在状态栏中选择出图的比例为"1:5"，如图 7-11 所示。

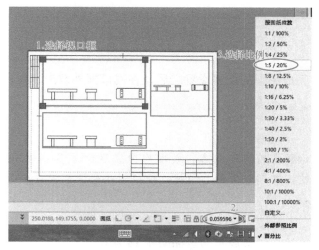

图 7-11　设置视口比例

2. 调整视口中图形的位置

视口的出图比例设置好后，视口中显示的图形内容会随着比例变化大小，视口中显示的图形位置也相应发生了变化，需要进行显示位置的调整。

（1）激活视口　在左上角的视口内部双击，激活视口，视口框加粗显示，内部的图像内容即可以执行 CAD 中任意的绘制或编辑操作。

> **注意：**
>
> 视口激活后切忌前后滑动鼠标滚轮，否则图形显示的大小会随之变化，设置的比例大小也发生改变而导致出图比例不准确。但只要保证不滑动滚轮，而按下滚轮拖曳图形，则可以实现视口中显现图形位置的平移设置。建议初学者先不要使用滚轮进行图形移动。

（2）调整图形显示位置　命令行输入平移的快捷命令"P"，按 < Enter > 键。光标由十字靶心变为了小手图标，在激活的视口中按住鼠标左键不放，拖曳画面，将图形平移至视口中央，如图 7-12 所示。按 < Enter > 键，或按 < ESC > 键退出平移命令。

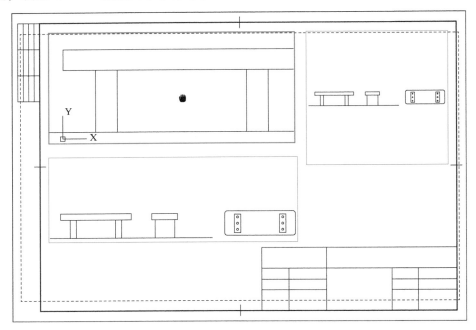

图 7-12　激活视口并调整图形位置

（3）取消视口的激活　完成图形的位置设置之后，在视口框外双击，视口取消激活。

> **知识点说明：**
>
> 若视口中不能完全显示所需的图形内容，或图形内容显示过多导致不需要的内容也显示出来了，可以选中该视口，通过拖曳 4 个角点上的视口框控制点来调节视口大小，使该视口中的图形内容显示为更多或更少。

参照前面的步骤将另两个视口调整好，效果如图 7-13 所示。

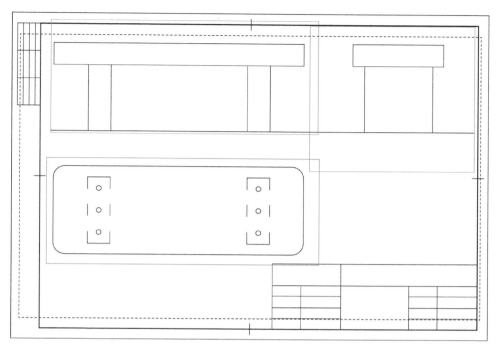

图7-13 调整视口

三、隐藏视口框

视口框是不需要被打印出来的，将视口图层关闭，选择文字图层作为当前图层，效果如图7-14所示。

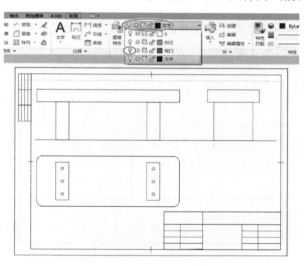

图7-14 图层设置

任务 3 尺寸标注及文字注写

一、注写图名

新建或选择适合的字体样式，使用文字工具，在3个图样正下方分别标注出图名和比例，如图7-15所示。标题栏和会签栏中将需要在出图前注写的内容填写好即可。

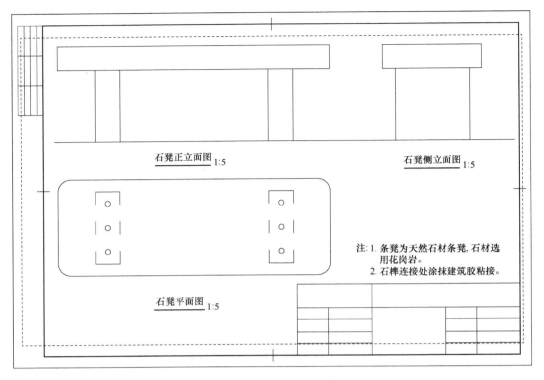

图 7-15　注写图名及比例

二、标注尺寸

　　将标注图层置为当前图层，新建或选择适合的标注样式，使用线性标注或连续标注等工具，在三个图样中将重要的尺寸分别标注出来，如图 7-16 所示。

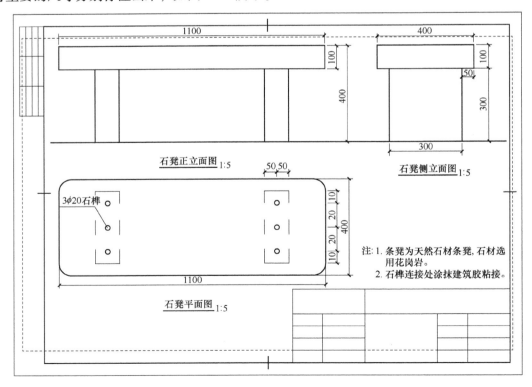

图 7-16　尺寸标注

任务 4　打印前的设置

图纸及布局完成之后就差最后打印出图一步了，在打印之前还需要修改一些设置。

一、打印区域的设置

当前布局空间中在图纸中央有一虚线的矩形框，虚线内部区域代表可被打印的内容，虚线外的图形则无法被打印出来。此案例中需要将可打印区域扩大，具体设置如下。

1. 设置打印机

按 < Ctrl + P > 键打开打印设置对话框，选择打印机，其后方打印机"特性"的按钮即被激活，单击"特性"按钮，如图 7-17 所示，进入"绘图仪配置编辑器"对话框。

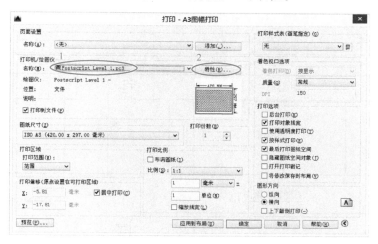

图 7-17　选择设置打印机

2. 修改图纸可打印区域

单击"修改标准图纸尺寸"（可打印区域），然后选择需要修改的图纸，此例中选择前面已经选好的图纸 ISOA3（420×297），再单击"修改"按钮，如图 7-18 所示。

根据修改向导逐步修改相应数据：可打印区域上下左右边界距离的值全都改为"0"，单击"下一步"按钮，如图 7-19 所示；再单击"下一步"按钮，直至完成，自动关闭"自定义图纸尺寸- 可打印区域"对话框，回到图 7-18 所示的"绘图仪配置编辑器"对话框；再单击"确定"按钮直至关闭此窗，回到图 7-17 所示的"打印"对话框。此时虚线的矩形框被扩大至图纸边缘处了，如图 7-20 所示。

3. 设置图纸打印区域

在"打印区域"的"打印范围"下拉菜单中选

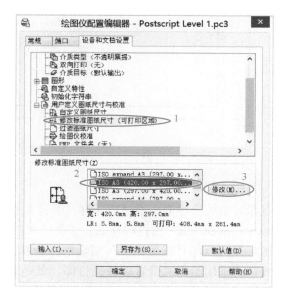

图 7-18　修改图纸尺寸

择"窗口"模式，然后在布局空间中捕捉图框的对角线两端点，将图样及图框全部设置为要打印的内容，勾选"居中打印"，如图 7-21 所示。

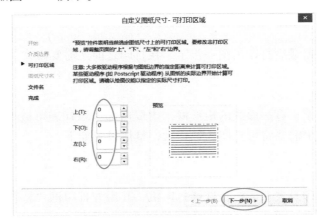

图 7-19　设置打印区域边界距离

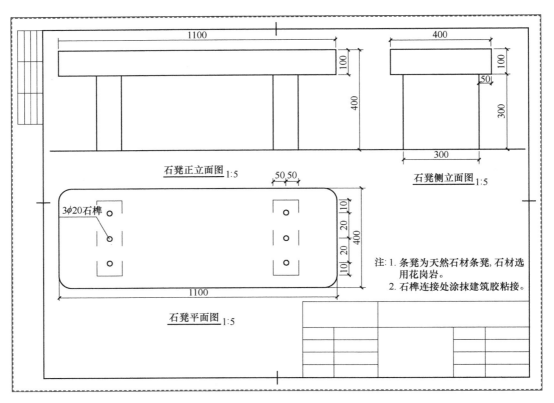

图 7-20　页面上可打印区域扩大效果

二、设置打印对象特性

打印对象的特性需要通过打印样式表进行设置。单击图 7-22 所示右上角的"打印样式表"，选择名为"monochrome. ctb"的打印样式，该样式可以全黑色打印出图（无论对象是何颜色）。可单击其后面的按钮打开"打印样式编辑器"对话框，查看详细设置：从 1 号颜色到 255 号颜色均采用黑色打印；线型和线宽均采用绘图时设置的特性打印，其他打印特性保持默认值即可，如图 7-22 所示。单击"保存及关闭"或者"取消"按钮，关闭"打印样式表编辑器"对话框。

图 7-21 设置图纸打印内容

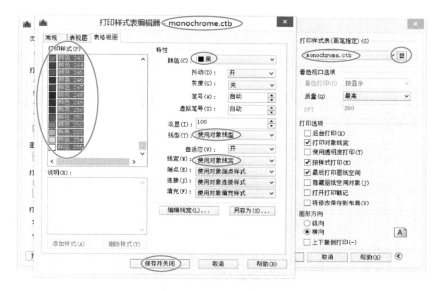

图 7-22 打印样式特性设置

三、打印出图

在打印之前可先预览打印效果，单击如图 7-21 所示的"打印"对话框左下角的"预览"按钮，退出打印预览可按 < ESC > 键，若有不满意之处可再修改相应参数；若满意即单击"确定"按钮进行出图。

若并非真正打印出图纸，只想导出为文件，可勾选"打印到文件"，然后选择保存路径，单击"确定"按钮。

项目小结

本项目主要学习和训练了视口的添加及调整的操作方法，以及添加和设置打印样式等操作。请通过课后练习，逐步熟练进行布局的设置及打印输出操作。

想一想，练一练

试着将项目四中所绘制的花架平面图、立面图、剖面图完成相应的标注并布局在 A2 的图幅中。

项目8　某小区中庭园林景观总平面图的绘制

 项目概述

　　通过逐步完成如图8-1所示的某小区中庭园林景观总平面图的绘制，了解园林景观总平面图的完整作图步骤和作图技巧。

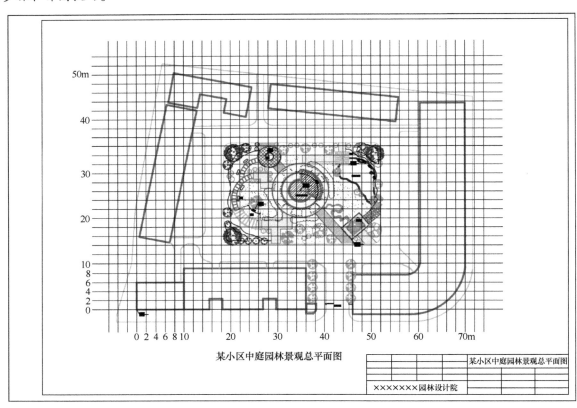

图8-1　某小区中庭园林景观总平面图

 项目分析

　　在绘制园林景观总平面图时，会感觉图中的内容很多而无从下手，但仔细分析，可理清楚每张园林景观总平面图的相同景观要素。在绘图过程中，将这些要素分出类别，再结合设计思路和图纸情况，就会清楚分析出作图步骤的先后顺序。

知识目标

1. 理解园林施工图正确的作图方法。
2. 掌握园林景观总平面图正确的作图步骤。
3. 掌握园林景观总平面图的作图技巧。

素养目标

1. 系统思维培养

通过图层设置，创建企业级的图层管理体系；通过绘图流程每个环节的完成，养成系统性工程思维。

2. "生态"理念强化

通过绘制自然式驳岸线，学习并理解"最小干预"的设计原则，遵守"设计服从生态"的职业准则；通过植物的科学配置，体会生物多样性保护和碳汇责任的重要性。

项目描述

本案例为某小区中庭园林景观总平面图，包含如下要素：地块情况、建筑、施工定位线、硬质景观的位置和形状、干道、花园、园路、园凳、植物。每种要素都需要经历一个完整的作图步骤，再结合设计思路和图纸特点，逐步完成整个图形的绘制。

项目准备

1. 具备综合运用所学的 AutoCAD 的所有命令技能。
2. 理清图 8-1 中的各景观要素。
3. 明白中庭园林景观的设计和施工步骤，理清思路。

项目实施

步骤 1：建立图层和绘图前准备

建立如图 8-2 所示的图层。

提出问题：

虽然建立图层的基本操作已经学会，但完成一张园林景观总平图究竟需要建立哪些图层？每个图层的属性有哪些要求？

解决问题：

为了作图和修改图纸的便利性，在建立图层时，可以考虑按园林要素来建立图层（图 8-2）。需特别说明工程图纸打印均采用黑色，所以在绘制时各图层的颜色可不用过多考虑，只要符合各人的作图喜好及习惯即可。线宽、线型等特性，可在打印出图前调整。

步骤 2：绘制网格线

1）将"网格"图层置为当前图层。

2）用直线命令（快捷命令"L"）绘制一条满足长度要求的水平线和垂直线；调节好屏幕（输入快捷命令"Z"，按 < Enter > 键，输入"E"按 < Enter > 键）；用拷贝命令（快捷命令"CO"）或偏移命令（快捷命令"O"），按 2000 间距复制直线，完成网格线的绘制。

3）确定文字样式的设置，以满足工程图文字的要求，用单行文字命令（快捷命令：DT）完成网格

线数字的标识，如图 8-3 所示。

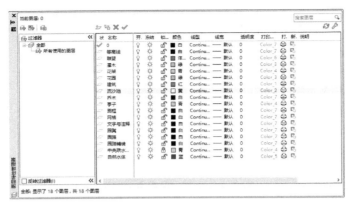

图 8-2　图层的设置

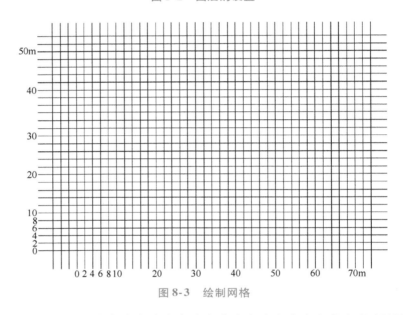

图 8-3　绘制网格

提出问题：

网格数字究竟设置多大，才能满足图纸要求和制图规范的要求？

解决问题：

制图规范对文字大小的要求：一套园林工程图纸的文字标示大小应该保持一致。

介绍一个小技巧：借助 1∶1 图框文字大小完成图中文字大小设置。若本图要求打印在 A3 的图纸上，打印出图文字高度要求 3mm。在输入文字前，先绘制一个 420mm×297mm 的 A3 图框，按 3mm 字高标出文字和图纸需要的各种标示符号（图框可参见图 8-1）。将图框和框内的文字、符号全部选中缩放（快捷命令"SC"）到合适的大小框住图形，得到的文字即是所需大小。

步骤 3：绘制中庭周边建筑

1）将"建筑"图层设为当前图层。

2）参照网格定位，画出中庭周边建筑，如图 8-4 中较粗的建筑线条。

步骤 4：绘制小区道路及绿化区块

1）将"花园"图层设为当前图层。

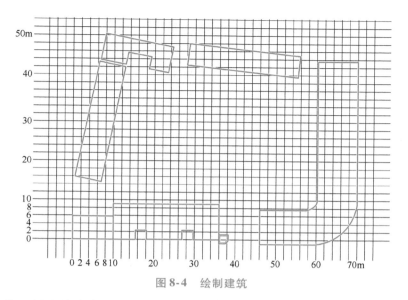

图 8-4　绘制建筑

2）参照网格定位，用直线命令绘制出小区道路，则各绿化区块立即呈现出来。

3）在绿化区块的拐角处用倒圆角命令（快捷命令"F"）将直线相交的转角修整为平滑的弧线转角，如图 8-5 中蓝色线条所示。

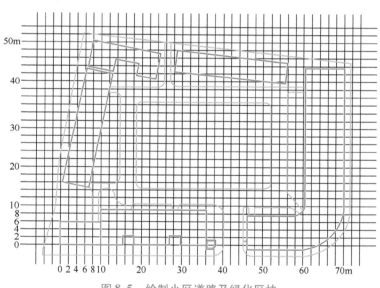

图 8-5　绘制小区道路及绿化区块

步骤 5：确定中庭硬质景观定位点

1）借助确定直线端点的方法来确定出雕塑、花架、中央跌水景观、亭子、流沙池的定位坐标。

2）按图 8-6 中标识"X＝0.00，Y＝0.00"的位置作为直线的第一个端点，第二个端点用相对坐标系，输入点坐标值。雕塑第二个点坐标（@28300，33600）；亭子第二个点坐标（@45300，31700）；中央跌水景观第二个点坐标（@34900，36100）；花架第二个点坐标（@25200，22000）；流沙池第二个点坐标（@45800，15200）。一共绘制出 5 条定位直线，如图 8-6 中蓝色细直线。

3）将"文字和标示"图层设置为当前图层，标出每个定位坐标点的 X、Y 值，以便标识和确定不同的定位点。

步骤 6：绘制硬质景观

1）根据定位坐标点，画出各硬质景观的形状，如图 8-7 所示。

2）画雕塑：将"雕塑"图层设置为当前图层，参照网格线具体位置和设计图，按图 8-8 所示画出雕塑。

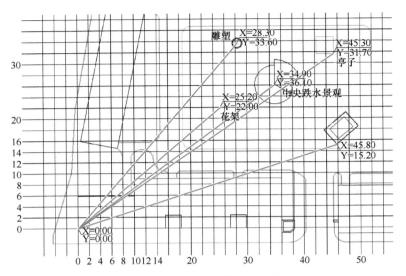

图 8-6　标出中庭硬质景观的定位点

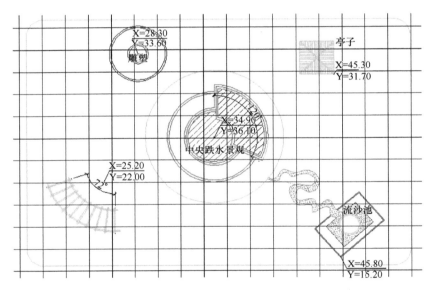

图 8-7　绘制硬质景观

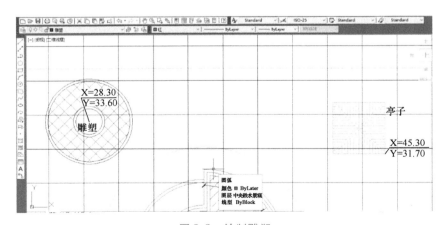

图 8-8　绘制雕塑

3）画亭子：将"亭子"图层设置为当前图层，参照网格线具体位置和设计图，按图8-8所示画出亭子。

4）画中央跌水景观：将"中央跌水"图层设置为当前图层，参照网格线具体位置和设计图，按图8-9所示画出中央跌水景观。

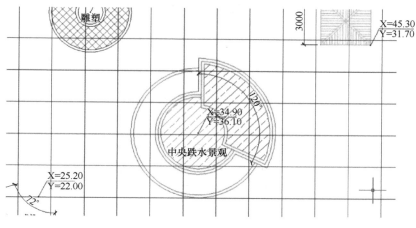

图 8-9　绘制跌水景观

5）画花架：将"花架"图层设置为当前图层，参照网格线具体位置和设计图，按图8-10所示画出花架。

6）画流沙池：将"流沙池"图层设置为当前图层，参照网格线具体位置和设计图，按图8-11所示画出流沙池。

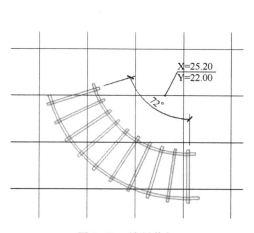

图 8-10　绘制花架

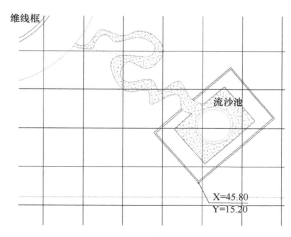

图 8-11　绘制流沙池

提出问题：

在同一个图层中绘图，为什么会使用与图层设置颜色不一样的两种或多种颜色？

解决问题：

为了增加图形的辨识度，在同一图层中对某些物体不同部位做了颜色上的区分。

在图层中，选中要变色的物体，在"对象特性"工具中重新选择新的颜色即可。在"对象特性"工具栏中改变颜色的物体，就不会跟随图层设置而变化。

步骤 7：绘制自然水体

1）将"自然水体"图层设置为当前图层。

2）用样条线命令（快捷命令"SPL"）参照网格位置，按图 8-12 所示完成自然式水体轮廓线的绘制，再使用偏移命令将水体驳岸线向内偏移一圈（水体表达的规则要求）。

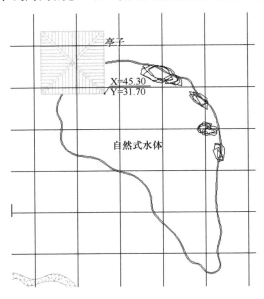

亭子

X=45.30
Y=31.70

自然式水体

图 8-12　绘制水体和假山

说明：

　　绘制类似于水体的自然曲线时可以将水体区域的网格线加密，方便找到更精确的点，再进行平面图形的描绘。

3）用手绘命令（快捷命令"SK"）完成水体边上假山的绘制。

注意：

　　为了增加图形的辨识度，让画面效果更好，在"自然水体"图层中绘制完假山后，选中假山在"对象特性"工具中对假山的颜色做适当改变。

步骤 8：绘制中庭景观园路

1）将"园路"图层设置为当前图层。

2）按图 8-13 所示的位置和形状，用多段线命令（快捷命令"PL"）和圆弧命令（快捷命令"A"）完成园路的绘制。

3）检查园路的边界线，尽量闭合，为后期园路的材料铺装做准备。

步骤 9：绘制中庭园路的铺装材质

1）将"园路铺装"图层设置为当前图层。

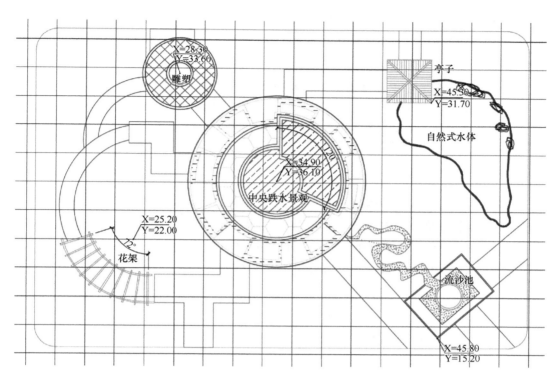

图 8-13　绘制园路

2）使用图案填充命令（快捷命令"H"），按图 8-14 完成园路的材质填充。

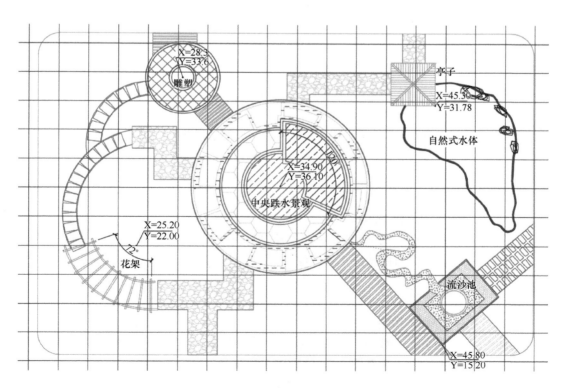

图 8-14　填充道路图案

提出问题：

绘制园路已尽量闭合，为什么仍填充不进材质？

解决问题：

在填充命令中，如果填充比例没有问题，材质仍填充不上的原因只有两种：一是图形没有闭合，只能检查线段连接端口并手动连接封闭；二是围合图形的线条出现镶套线，可用 overkill 命令将重线清理。仔细检查图形，解决这两个问题，园路就可以进行图案填充。

步骤 10：绘制中庭园凳

1）将"园凳"图层设置为当前图层。

2）用矩形命令（快捷命令：REC），参照网格线具体位置和设计图，绘制矩形园凳（石凳），用旋转命令（快捷命令：RO）将园凳摆放在合适的位置，如图 8-15 所示。

3）补充建立"大门"图层，按图 8-16 完成大门入口的绘制。

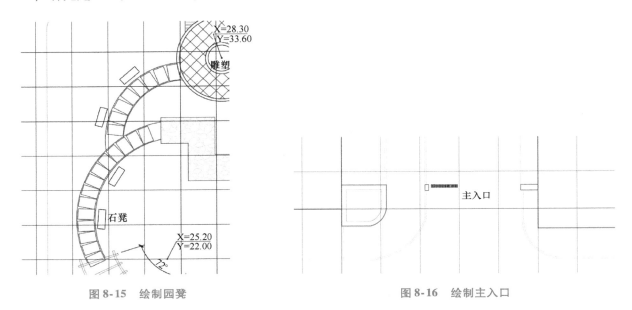

图 8-15　绘制园凳　　　　　　　　　　　图 8-16　绘制主入口

步骤 11：绘制等高线

1）将"等高线"图层设置为当前图层。

2）用样条线命令（快捷命令"SPL"），参照网格按图 8-17 蓝色等高线条位置完成等高线的绘制。也可以参考自然水体的绘制方法将网格线加密，绘制更准确的等高线。

步骤 12：绘制中庭灌木

1）将"灌木"图层设置为当前图层。

2）用云线命令（快捷命令"REVC"）和节点命令（快捷命令"PO"），参照网格线具体位置和设计图，完成灌木丛轮廓线的绘制，参看图 8-18 圆形中央景观旁的绿植丛线条。

步骤 13：绘制中庭乔木

1）将"乔木"图层设置为当前图层。

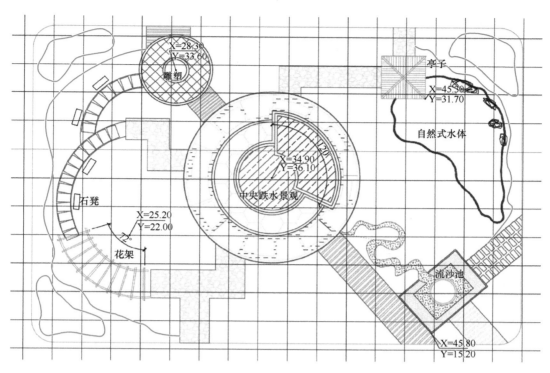

图 8-17　绘制等高线

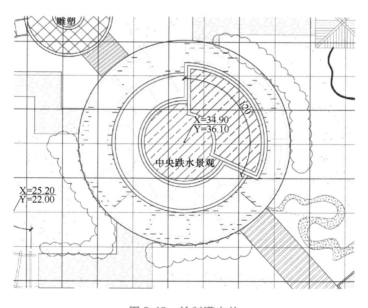

图 8-18　绘制灌木丛

2）按图 8-19 参照网格线具体位置，完成乔木的绘制。

说明：
　　乔木植物图例一般都是从资料文件中复制现成的植物图块粘贴进目标文件。

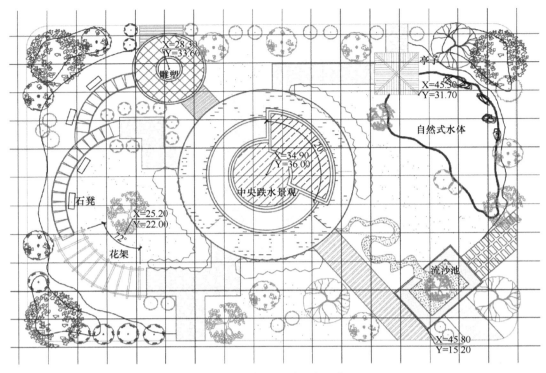

图 8-19　插入乔木植物图例

提出问题：

　　为什么复制粘贴乔木图例后，自动增加了图层？

解决问题：

　　从外文件拷贝图形对象时，会同时拷贝这个对象的各种属性，当然也包含图层。若想少增加图层，可以在源文件将对象设置在与目标文件同名的图层上，再拷贝到目标文件。需要特别指出，如果调入的物体是块，那其图层属性已经被打包在块里，无法改变，除非将块炸开，重新设置对象图层属性，再定义块物体。

步骤 14：文字和注释

1）将"文字和注释"图层设置为当前图层。

2）标出图中出现的所有文字和注释。

步骤 15：打印设置

1）确定"步骤2"中完成的图框，按比例缩放到合适的大小，框住图形。

2）完成打印设置。具体操作流程参看项目七。

项目小结

　　虽然本项目只讲了园林景观总平图绘制的流程，但其他设计图纸都可以参照类似的流程进行绘制。由于整套图需按不同的要素绘制和表达，所以可在本图的基础上复制多个，根据需要或增减或修改完成其他园林工程图。如将灌木和乔木图层删除，在图中加上地面高度标示，就可以形成一张地形设计图。所以，注重思考，运用本项目讲解的作图思路，就可以轻松完成其他园林工程设计图纸的绘制。

附录　CAD 常用快捷命令

常用的绘图工具		常用的编辑工具		其他常用工具	
工具名称	快捷命令	工具名称	快捷命令	工具名称	快捷命令
直线	L	删除	E/ < delete > 键	创建图块	B
多段线	PL	移动	M	线性标注	DIM
圆	C	复制	CO	文字	T
圆弧	A	镜像	MI	测量	DI
矩形	REC	偏移	O		
椭圆	EL	阵列	AR		
样条曲线	SPL	旋转	RO		
图案填充	H	缩放	SC		
构造线	XL	拉伸	S		
点	PO	圆角	F		
圆环	DO	倒角	CHA		
修订云线	REVC	分解	X		
		修剪	TR		
		延长	EX		
		打断	BR		
		合并	JO		
		对齐	AL		

注：字母的输入不分大小写。

参 考 文 献

[1] 李波，等. AutoCAD 建筑园林景观施工图设计从入门到精通 [M]. 北京：机械工业出版社，2013.

[2] CAD/CAM/CAE 技术联盟. AutoCAD 2014 园林景观设计自学视频教程 [M]. 北京：清华大学出版社，2014.

[3] 《园林景观设计与施工细节 CAD 图集》编写组. 园林景观设计与施工细节 CAD 图集 [M]. 北京：化学工业出版社，2013.

[4] 唐登明. 园林 CAD [M]. 北京：机械工业出版社，2013.

[5] 黄心渊，翟海娟，杨刚，等. 园林计算机辅助设计 [M]. 北京：电子工业出版社，2008.

[6] 张华. 园林 AutoCAD 教程 [M]. 北京：中国农业出版社，2003.